Ballenberg

M. Gschwend · P. Fehlmann · R. Hunziker

Ballenberg

Das Schweizerische Freilichtmuseum
Le Musée suisse en plein air
The Swiss Open-Air Museum

AT Verlag

Inhalt

Der AT Verlag dankt den aufgeführten Firmen und Institutionen für ihre grosszügige Unterstützung dieses Werkes.

Schweizerischer Baumeisterverband, Zürich
Erziehungsdirektion des Kantons Bern
A. Koller AG, Thalwil
Migros-Genossenschafts-Bund
Orell Füssli Werbe AG, Zürich
Printcolor Druckfarbenfabrik, Zürich

2. Auflage, 1982

AT Verlag Aarau (Schweiz)
Text, Archivfotos und Flugaufnahmen: Dr. Max Gschwend
Übersetzungen: Inter Serv AG, Zürich
Fotos: Peter Fehlmann, Rudolf Hunziker
Aufnahmematerial: Kodak Ektachrome
Grafik: Jack Säuberli
Satz, Fotolithos und Druck: Grafische Betriebe Aargauer Tagblatt AG, Aarau
Grafisches Filmmaterial: Typon AG, Burgdorf
Papier: weiss matt gestr. Biber-GS 135 g/m2 der Papierfabrik Biberist AG
Einband: Grollimund AG, Reinach BL
Printed in Switzerland
ISBN 3 85502 134 1

Table des matières

Contents

Geleitwort des Bundesrates

Museen im freien Licht – eigentliche Museumssiedlungen inmitten der Landschaft – sind keine Schweizer Erfindung, wiewohl unser Land mit seiner Vielfalt an Naturschönheiten manch stimmungsvolle Kulisse dazu abgeben würde. Der bescheidene Umfang unseres Staatsgebiets, aber auch der kulturpolitische Partikularismus der Kantone und Talschaften liessen bei uns erst spät die Idee eines Schweizerischen Freilichtmuseums reifen. Es gibt indessen gerade in heutiger Zeit eine Reihe von guten Gründen, unsere kulturellen Einrichtungen von nationaler Bedeutung durch diesen Museumstyp zu ergänzen.

Sein wichtigster Vorzug liegt unzweifelhaft in der Zusammenfassung verschiedenartigster Haustypen an einem Ort. Der Eindruck einer unharmonischen Anhäufung wird dabei vermieden durch das aufgelockerte Gelände des Ballenbergs, das für eine natürliche Gliederung sorgt, so dass sich die Häuser aus dem Thurgau, vom Genfersee, aus dem Emmental und anderen Regionen gegenseitig nicht optisch beeinträchtigen.

Gewiss trifft es zu, dass die eigentliche Daseinsberechtigung eines Ostschweizer Riegelhauses oder eines Tessiner Rusticos in seiner ursprünglichen Heimat liegt. Es gibt aber Umstände, die eine Verpflanzung rechtfertigen. Wir alle haben miterlebt, wie stark sich das Gesicht unserer Dörfer innert weniger Jahrzehnte gewandelt hat. Der hektischen Baukonjunktur sind allenthalben auch wertvolle ländliche Bauten zum Opfer gefallen. Die 1968 gegründete Stiftung für ein Schweizerisches Freilichtmuseum hält sich streng an den Grundsatz, Bauwerke nur dann nach dem Ballenberg zu verlegen, wenn deren Erhaltung an Ort und Stelle nicht möglich ist.

Das Ziel dieser nationalen Selbstdarstellung wird gewiss nur in Etappen, in allmählichem Wachsen erreicht. Aber ein mutiger und sehenswerter Anfang ist gemacht; darüber dürfen wir uns freuen. Möge das Schweizerische Freilichtmuseum seine Besucher bestärken im Sinne für Herkommen und Tradition und in jener echten Liebe zur Heimat, ohne die wir auch die Fragen der Gegenwart nicht zu lösen vermögen.

Hans Hürlimann, Bundesrat

Introduction du Conseil fédéral

Les musées en plein air, dont les objets sont présentés dans la nature, ne sont pas une invention suisse. Et pourtant les beautés naturelles nombreuses et variées de notre pays pourraient fournir bien des décors attrayants pour une telle présentation. Cependant, l'étendue modeste de notre territoire, comme aussi les caractères particuliers de nos cantons et de nos vallées n'ont pas permis à l'idée d'un musée suisse en plein air de se préciser plus tôt. Mais nous avons aujourd'hui de nombreuses bonnes raisons de compléter nos installations culturelles d'importance nationale par la création d'un musée de ce nouveau genre.

Sans aucun doute, son avantage le plus important consiste dans la concentration de plusieurs différents types d'habitations dans un même lieu. La région aérée de Ballenberg permet d'éviter que cette concentration donne l'impression d'un entassement sans harmonie. Son terrain est en effet disposé en compartiments naturels. Ainsi les maisons de Thurgovie, des bords du Léman, de l'Emmental ou des autres régions pourront être présentées séparément et sans qu'elles ne se portent ombrage.

Il est certes juste qu'une maison à colombages de la Suisse orientale ou un «rustico» tessinois ont leur raison d'être avant tout dans leur contrée d'origine. Toutefois, diverses circonstances rendent leur transplantation nécessaire. Nous avons tous pu constater à quel point les visages de nos villages se sont transformés en moins d'une décennie. Partout des bâtiments ruraux ont été victimes de la frénésie constructive provoquée par la haute conjoncture. La Fondation du Musée suisse en plein air, constituée en 1968, entend s'en tenir strictement au principe de ne transférer à Ballenberg que des constructions qu'il n'est plus possible de maintenir sur place.

Cette démonstration des caractéristiques particulières de notre pays ne peut évidemment se faire que par étapes et par un travail constructif de longue haleine. Cependant la première étape à été courageusement achevée et son apport mérite d'être admiré. Nous pouvons nous en réjouir.

Puisse le Musée suisse en plein air renforcer l'attachement de ses visiteurs pour nos coutumes et nos traditions et leur inspirer un amour sincère pour la Patrie, sans lequel nous n'aurons pas le pouvoir de résoudre les problèmes qui se posent aujourd'hui.

Hans Hürlimann, Conseiller fédéral

Foreword by Federal Councillor

Museums in the open air—actually clusters of museums in the countryside—are not a Swiss invention, although our country with its diversity of natural beauty could provide many an appealing background for this purpose. The modest size of our state territory as well as the cultural policy peculiarities of the cantons and valley regions did not allow the idea of a Swiss open-air Museum become reality until recent times. In the meantime there is a number of good reasons, particularly in current times, for supplementing our cultural institutions of national significance with a museum of this type.

Its prime feature is undoubtedly that the widest variety of types of houses have been brought together in one place. Any impression of disharmony is avoided by the open-spaced grounds of Ballenberg, which makes for natural-looking groupings, so that the houses from the Canton of Thurgau, the Lake of Geneva, the Emmental and other regions do not have a detrimental optical effect on each other.

Obviously it is true that a half-timbered house from Eastern Switzerland or a rustic house from the Tessin has its actual existence justified where it originates. There are, however, circumstances which permit such relocation. We have all experienced how greatly the characters of our villages have changed in only a few decades. Everywhere valuable rural buildings have also become victims of the hectic construction boom. The foundation of a Swiss open-air Museum, which was set up in 1968, strictly observes the principle of only relocating buildings to Ballenberg when it is no longer possible to upkeep them in their original locations.

The objective of national self-depiction of this kind will certainly be accomplished only in stages, in gradual growth. Nonetheless, a courageous beginning that is worth seeing has been made. We may be pleased about this. May the Swiss Open-Air Museum strengthen its visitors' awareness of origin and tradition and of that true love for their homeland without which we would be unable to solve today's problems.

Hans Hürlimann, Federal Councillor

1011 Haus von Adelboden
1012 Siedherd von Adelboden
1051 Haus von Brienz
1021 Haus von Matten
Ausgang Brienzwiler
Wilerhorn 5 Min

Das Schweizerische Freilichtmuseum Ballenberg
Le Musée suisse en plein air Ballenberg
The Swiss Open-Air Museum Ballenberg

D Es ist eigentlich sonderbar, dass sich in unserem Land der Gedanke, ein Freilichtmuseum zu schaffen, nicht schon früher durchsetzen konnte. Worauf beruht wohl die Tatsache, dass sich weite Kreise der Bevölkerung mehrfach sehr energisch und mit Erfolg gegen die Gründung eines Freilichtmuseums gewehrt haben? Sicher spielt dabei eine Rolle, dass viele Schweizer noch nie etwas von einem solchen Museum gehört und auch kein ausländisches gesehen haben. Sie können sich daher kaum vorstellen, was ein Freilichtmuseum ist. Zum andern wirkte früher eine gewisse – vielleicht unbewusste – Vorstellung von einer, was die ländliche Baukultur betrifft, «heilen Welt» in unserm Vaterland. Viele glaubten auch, «die ganze Schweiz sei ein Freilichtmuseum», denn hier stehen doch die althergebrachten Bauernhäuser noch zu Hauf. Man verschloss die Augen vor der betrüblichen, aber nicht wegzudiskutierenden Wirklichkeit, dass manche alte Hausformen schon seit mehr als hundert Jahren nicht mehr gebaut werden und daher unweigerlich zum Aussterben verurteilt sind, dass viele Bauernhäuser die obere Grenze ihrer Lebensdauer erreicht haben, dass noch mehr von ihnen umgebaut, «restauriert» und modernisiert wurden und dass ebenso viele den Anforderungen des heutigen Verkehrs und dem berechtigten Wunsch der ländlichen Bevölkerung, auch so wohnen zu dürfen wie die städtische, zum Opfer fielen.

In den letzten dreissig Jahren führten die verschiedensten Einflüsse zu einer starken Umformung des Baubestandes auf dem Lande. So stark uns dieser Gedanke beunruhigt, in der jahrhundertelangen Entwicklung der ländlichen Hausformen gab es immer einen, wenn auch langsameren Wandel. Unsere Generation trifft diese Umformung nur deshalb so hart, weil sie sich in kürzester Zeit vollzieht. Zwar prägen die historischen Hausformen in vielen Teilen unseres Landes noch immer das Gesicht der ländlichen Siedlungen. Dieses zu erhalten und zu pflegen, ist eine der grossen Aufgaben von Heimatschutz und Denkmalpflege. Aber seien wir uns doch klar, es ist fast stets nur die Erhaltung des äusseren Aspektes oder sogar nur einzelner Elemente an den Häusern möglich. Wenn ein Haus an Ort und Stelle erhalten werden soll, muss es eine Funktion erfüllen. Da aber viele ehemalige Bauernhäuser nicht mehr von Landwirten bewohnt werden, muss man im Innern entsprechende Konzessionen machen. Die Erhaltung an Ort und Stelle (sofern diese nicht als «Heimat- oder Dorfmuseum» möglich ist) kann meist nur mit grossen Opfern an überlieferter baulicher Substanz erkauft werden. Haben Sie nicht schon selbst beobachtet, dass manche dieser geschützten Häuser darunter leiden, dass sie – oftmals isoliert – in einer Umgebung stehen, die ihr Aussehen völlig gewandelt hat? Die Bestrebungen von Heimatschutz und Denkmalpflege müssen unterstützt werden, um einen Teil der ländlichen Baukultur zu erhalten. Aber wir fordern mehr! Neben dem Schutz von Fassaden und Siedlungsbildern braucht es unbedingt die integrale Erhaltung, wo neben dem Äussern auch das Innere unverändert bleibt. Das ist aber nur in einem Museum möglich. Hier können die Gebäude zudem mit dem zugehörigen Mobiliar und all den Gegenständen ausgerüstet werden, welche der Bauer zum Leben und Wirtschaften benötigte. Im Museum stehen heute funktionslos gewordene Kleinbauten im sinnvollen Zusammenhang eines Hofes. Die Stiftungsurkunde der «Stiftung Schweizerisches Freilichtmuseum Ballenberg» hält fest:

– typische ländliche Bauten der Schweiz äusserlich und im Innern unverändert erhalten,
– sie mit dem zugehörigen Mobiliar und den üblichen landwirtschaftlichen Gerätschaften, Werkzeugen und Fuhrwerken ausrüsten,
– sie ohne störende Zutaten aufstellen und der Öffentlichkeit zugänglich machen,
– sie auf überschaubarem Raum vereinen und so Vergleiche ermöglichen,
– mit Führungen und Erklärungen das Verständnis für ihre Besonderheiten wecken
– alte Handwerke an der Arbeit zeigen
– eine Erholungslandschaft schaffen, in welcher die ländliche Bau- und Wohnkultur früherer Zeiten in einzigartiger und wissenschaftlich einwandfreier Art sichtbar wird.

Damit sind die wesentlichen Grundgedanken, die bei der Planung und Schaffung des Schweizerischen Freilichtmuseums Ballenberg massgebend waren, angedeutet. Die kleinste Einheit, die *Hofgruppe,* entspricht den in unserm Land üblichen Bauernhöfen. Dabei werden im Freilichtmuseum alle Gebäude berücksichtigt, die früher zu einem Hof gehörten. Besonders wichtig ist der sinnvolle, funktionale Zusammenhang der Gebäude eines Hofes. Die einzelnen Häuser sind charakteristisch für einen bestimmten Betrieb. Mehrere Hofgruppen einer geographischen Region bilden eine «*Baugruppe*». Hier werden die typischen, nach wissenschaftlichen Gesichtspunkten ausgewählten Haus- und Hofformen eines begrenzten Gebietes dargestellt und gleichzeitig die vorherrschende Form der Siedlung gezeigt. Gesamthaft sind folgende Baugruppen geplant:

Baugruppe 1: Jura (Hochjura: JU, NE, BE, Tafeljura: BL, AG)
Baugruppe 2: Zentrales Mittelland (AG, SO, LU)
Baugruppe 3: Berner Mittelland
Baugruppe 4: Ländliches Gewerbe
Baugruppe 5: Westliches Mittelland (FR, VD, GE)
Baugruppe 6: Östliches Mittelland (ZH, TG, SH, SG)
Baugruppe 7: Zentralschweiz (LU, NW, OW, SZ, UR, ZG)
Baugruppe 8: Tessin
Baugruppe 9: Graubünden
Baugruppe 10: Berner Oberland
Baugruppe 11: Wallis
Baugruppe 12: Ostschweiz (AI, AR, GL, SG)
Baugruppe 13: Alp

Das Gelände des Ballenberges eignet sich vorzüglich, diese Konzeption zu verwirklichen, die eigentlich ein verkleinertes Abbild der Hauptlandschaften der Schweiz darstellt. Das Gelände ist abwechslungsreich und rund 50ha gross. In einem prachtvollen Mischwald sind grössere und kleinere Rodungen vorhanden, die früher von den Bauern der benachbarten Dörfer Hofstetten und Brienzwiler extensiv bewirtschaftet wurden. In diese Rodungsinseln sind die einzelnen Baugruppen eingebettet, so dass ein natürlicher Sichtschutz gegeben ist. Die topographischen Gegebenheiten waren entscheidend für die Festlegung der Baugruppen im Gelände des Ballenberges. Die vorhandene Umgebung soll möglichst gut mit jener Landschaft übereinstimmen, in der die Gebäude der Baugruppen ursprünglich standen. Verschieden lange Wege führen von einer Baugruppe zur andern und geben dem Besucher die Möglichkeit, sich geistig umzustellen und die Naturschönheiten zu geniessen. Die Auswahl der aufzustellenden Gebäude basiert auf den wissenschaftlichen Untersuchungen, die in den vergangenen Jahrzehnten durch verschiedene Forscher und die «Aktion Bauernhausforschung in der Schweiz» durchgeführt wurden. Ein angebotenes Haus muss typisch sein für die Zeit, aus der es stammt. Es soll ferner gute Einblicke in die Entwicklungsgeschichte der Bauten geben und ein charakteristisches Beispiel für die Einteilung und Funktion darstellen. Regionalkenner, Denkmalpfleger und Leute des Heimatschutzes, aber auch die Besitzer selbst machen uns auf mögliche Objekte aufmerksam. Die bisher aufgebauten Häuser wurden von den Besitzern geschenkt oder zu einem symbolischen Kaufpreis überlassen. Die Übernahme eines solchen Geschenkes hängt allerdings davon ab, ob das Gebäude in den Museumsplan passt. Die alten Häuser enthalten Werkstätten verschiedenster Art. Hier arbeiten Handwerker, lassen vor den Augen der Besucher Gegenstände entstehen und zeigen den neugierigen Beschauern, wie man eine Arbeit durchführt.

Wir sind uns selbstverständlich bewusst, dass ein Freilichtmuseum nicht die volle Wirklichkeit des Lebens und Arbeitens früherer Zeiten bieten kann. Zwar sind die Häuser vorhanden; sie enthalten auch die üblichen Einrichtungen, und da und dort wird gewerkt; auf dem Herd flackert ein Feuer; durch die Küchen streicht der Rauch; im Gang hängen alte Kleider, und in der Scheune riecht man das Heu oder das Stroh. Aber der wichtigste Teil, der arbeitende Bauer und seine Familie fehlen. Wenn man durch die offene Tür ein Haus betritt, hat man oft den Eindruck, die Bewohner seien eben aus dem Haus aufs Feld gegangen. So lebensnah soll die Einrichtung wirken, allerdings ohne eine falsche romantische Einstellung zu erwecken. Das Leben in früherer Zeit war oftmals sehr hart, und nur im Rückblick einer verklärenden Erinnerung erscheint es den heutigen Menschen als «die gute alte Zeit».

Unsere Vorfahren haben es verstanden, die Häuser und Höfe so in die Landschaft zu stellen, dass eine beeindruckende Einheit von Natur und Kultur entstand. Wir haben uns Mühe gegeben, dies auch im Museum zu verwirklichen. Manche Besucher staunen und glauben, die Häuser hätten schon früher hier gestanden. Der ganz besondere Reiz des Freilichtmuseums liegt in der umgebenden, unverfälschten Landschaft. Hier zu wandern bedeutet auch für einen Besucher, der nicht unbedingt nur die schweizerischen Hausformen kennenlernen will, eine Erholung. Seit der Eröffnung des Museums Ende Mai 1978 bis Herbst 1981 haben bereits fast eine Million Besucher unser Freilichtmuseum besichtigt. Standen damals erst etwa 16 Gebäude, so waren es 1981 bereits 30, und jedes Jahr kommen weitere dazu. Die finanziellen Mittel, welche der Stiftung Schweizerisches Freilichtmuseum Ballenberg zur Verfügung stehen, bestimmen den weiteren Ausbau.

F Il est au fond étonnant que l'idée de créer un musée en plein air ne se soit pas imposée plus tôt dans notre pays. A quoi peut tenir le fait qu'une partie importante de notre population se soit opposée à plusieurs reprises – de façon très énergique et avec succès – à la fondation d'un musée en plein air? Un facteur certain est que beaucoup de Suisses n'ont jamais entendu parler d'un musée de ce genre et n'en ont jamais vu à l'étranger. Ils peuvent donc difficilement s'imaginer ce qu'est un musée en plein air. Par ailleurs, il régnait dans notre pays une certaine idée – peut-être inconsciente – de «monde intact» dès lors qu'on parlait d'habitat rural. Beaucoup de gens pensaient aussi que «toute la Suisse est un musée en plein air» puisque on trouve encore les fermes traditionnelles en quantité. On fermait les yeux sur la réalité, troublante mais indiscutable: bien des formes de construction anciennes sont abandonnées depuis plus d'un siècle, ce qui les condamne à disparaître définitivement, bien des maisons paysannes atteignent l'âge où une transformation, une «restauration» ou une modernisation s'avère inéluctable, sans compter toutes celles qui sont condamnées par les exigences du trafic actuel et par le besoin de confort – justifié – de la population rurale.

Au cours des trente dernières années, les facteurs les plus divers ont profondément transformé l'habitat rural. Aussi inquiétante soit cette idée, nous devons admettre que l'évolution des formes de maisons campagnardes au cours des siècles a toujours comporté des changements, même si ceux-ci étaient plus lents. Si notre génération ressent ce changement comme un choc, c'est parce qu'il se déroule sur une période très courte. Il est vrai que les formes de construction historiques marquent encore la physionomie de l'habitat rural dans beaucoup de régions de notre pays. Conserver et entretenir cet héritage est une des tâches essentielles du «Heimatschutz» et des services de conservation des monuments. Mais il faut bien avouer que dans presque tous les cas, seul l'aspect extérieur ou certains éléments sont susceptibles d'être conservés. Lorsqu'il s'agit de conserver une maison sans la déplacer, celle-ci doit remplir une fonction. Mais comme beaucoup d'anciennes maisons paysannes ne sont plus habitées par des agriculteurs, on est amené à faire des concessions à l'intérieur. La conservation sur place (dans la mesure où elle ne peut être conçue en tant que «musée rural ou historique») doit le plus souvent se payer par une perte de substance considérable. Vous aurez certainement remarqué vous-même que bien de ces maisons classées souffrent de se trouver – souvent seules – dans un environnement profondément transformé. «Heimatschutz» et Conservation des monuments méritent qu'on soutienne leurs efforts en vue de perpétuer une partie de l'habitat rural traditionnel. Mais nous voulons davantage. Outre la protection des façades et de l'aspect extérieur des maisons, il est indispensable d'en assurer la conservation intégrale – donc d'en préserver également l'intérieur. Mais cela ne peut se faire que dans le cadre d'un musée. Les bâtiments peuvent alors être aménagés avec le mobilier qui convient et tous les objets dont le paysan avait besoin pour vivre et exploiter son domaine. Dans le musée, des petites dépendances qui avaient perdu leur raison d'être retrouvent leur contexte traditionnel. L'acte constitutif de la «Fondation du Musée suisse en plein air de Ballenberg» définit les tâches suivantes:

- conserver, sans modification intérieure ou extérieure, des bâtiments typiques de nos campagnes suisses;
- les équiper du mobilier approprié et des ustensiles, outils et véhicules à traction animale de l'agriculture traditionnelle;
- les installer sans rien ajouter qui puisse altérer leur caractère, et les rendre accessibles au public;
- réunir ces bâtiments dans un espace suffisamment restreint pour permettre des comparaisons aisées;
- attirer l'attention sur leurs particularités au moyen de visites commentées et guidées;
- montrer le travail des anciens métiers artisanaux;
- créer une zone de détente où nos traditions rurales pourront être étudiées de façon méthodique et scientifique.

Voilà pour l'essentiel les principes qui ont présidé à la mise en œuvre du Musée en plein air de l'habitat rural suisse à Ballenberg. Son unité de base, le *groupe rural,* correspond au domaine rural tel qu'il existe en général dans nos campagnes. Le Musée en plein air reprend systématiquement tous les bâtiments que comportait l'exploitation d'autrefois. Il est particulièrement important de retrouver l'ensemble fonctionnel de toutes les constructions réunies dans un ancien domaine rural. Les différentes maisons sont caractéristiques d'une exploitation donnée. Plusieurs groupes ruraux d'une même contrée constituent un «groupe architectural». Celui-ci présente les différentes formes typiques – scientifiquement définies – de maisons et de fermes d'une région déterminée afin d'en illustrer les caractères dominants. Le plan d'ensemble prévoit l'aménagement des groupes suivants:

Groupe architectural 1 – Jura (Haut-Jura: JU, NE, BE, Jura à plateaux: BL, AG);

Groupe architectural 2 – Plateau suisse central (AG, SO, LU);

Groupe architectural 3 – Plateau suisse (ou Mittelland) bernois;

2

Hofgruppe: Haus von Madiswil und Speicher von Kiesen

Groupe rural: maison de Madiswil et grenier de Kiesen

Farmstead group: House from Madiswil and storehouse from Kiesen

Groupe architectural 4 – Artisanat campagnard;

Groupe architectural 5 – Plateau suisse occidental (FR, VD, GE);

Groupe architectural 6 – Plateau suisse oriental (ZH, TG, SH, SG);

Groupe architectural 7 – Suisse centrale (LU, NW, OW, SZ, UR, ZG);

Groupe architectural 8 – Tessin;

Groupe architectural 9 – Grisons;

Groupe architectural 10 – Oberland bernois;

Groupe architectural 11 – Valais;

Groupe architectural 12 – Suisse orientale (AI, AR, GL, SG);

Groupe architectural 13 – Alpes.

Le territoire de Ballenberg convient magnifiquement à la réalisation de cette conception, qui est de retrouver en petit les principales contrées de la Suisse. Ce territoire très diversifié s'étend sur quelque 50 ha. Sa très belle forêt d'essences diverses s'ouvre sur des clairières grandes et petites, autrefois exploitées sur le mode extensif par les paysans des villages avoisinants de Hofstetten et Brienzwiler. Dans ces espaces défrichés sont intégrés les différents groupes architecturaux, les bois formant un écran naturel entre les groupes. La disposition de ceux-ci tient essentiellement compte de la topographie du terrain. Leur environnement doit autant que possible correspondre à leur paysage d'origine. Des chemins, conduisant d'un groupe architectural à l'autre, procurent aux visiteurs le plaisir d'admirer les beautés de la nature tout en se préparant à la visite d'un nouveau groupe. La sélection des bâtiments à exposer est basée sur les études scientifiques effectuées depuis des dizaines d'années par divers chercheurs et par la «Recherche sur la maison rurale en Suisse». Pour être prise en considération, une maison doit être typique de la région en question et de l'époque où elle a été construite. Elle doit en outre être représentative de l'évolution de l'architecture et fournir un exemple caractéristique de distribution fonctionnelle. Des connaisseurs régionaux, des responsables des services de conservation des monuments et du «Heimatschutz», mais aussi des propriétaires eux-mêmes, attirent notre attention sur des bâtisses susceptibles de convenir. Les maisons transplantées jusqu'à présent ont été données par leur propriétaire ou vendues pour un prix symbolique. Mais ce cadeau ne sera accepté que si le bâtiment peut s'intégrer dans le plan du Musée. Les anciennes maisons contiennent toutes sortes d'ateliers. Des artisans y travaillent, créent des objets sous les yeux des visiteurs et montrent comment on s'y prend pour effectuer une opération.

Nous sommes bien entendu conscients du fait qu'un musée en plein air ne saurait reproduire dans leur totalité la vie et le travail d'autres époques. Les maisons sont là; elles sont normalement aménagées, ici et là on y travaille; un feu vacille sur l'âtre et de la fumée se répand dans la cuisine; de vieux vêtements sont

3

Gesamtansicht des Hofes des Grossbauern

Vue générale de la ferme d'un grand paysan avec ses dépendances

General view of the rich farmer's farmstead

suspendus au corridor et la grange sent le foin ou la paille. Mais l'essentiel, le paysan au travail et sa famille, est absent. Lorsqu'on passe le seuil d'une de ces maisons, on a souvent l'impression que ses habitants viennent d'en sortir pour se rendre aux champs. Aussi réaliste que possible, l'aménagement doit éviter un romantisme de mauvais aloi. La vie était souvent très dure autrefois et seule la perspective d'un souvenir déformant permet à l'homme d'aujourd'hui de parler du «bon vieux temps».

Nos ancêtres ont su intégrer leurs maisons et leurs domaines dans le paysage; nature et culture formaient une unité. Nous nous sommes efforcés de reproduire cette qualité dans notre Musée. Bien des visiteurs s'étonnent et croient que ces maisons étaient déjà là auparavant. Le charme bien particulier du Musée en plein air tient au paysage environnant, qui a gardé toute son authenticité. Une promenade s'y avère délassante même pour les visiteurs qui ne tiennent pas absolument à connaître les formes de l'habitat rural suisse. Presque un million de visiteurs ont déjà vu notre Musée en plein air depuis son ouverture fin mai 1978 et jusqu'à l'automne 1981. Alors qu'il n'y avait que 16 bâtiments au départ, on en compte déjà 30 en 1981 et d'autres constructions viennent s'y ajouter chaque année. Les moyens financiers dont dispose la Fondation du Musée suisse en plein air Ballenberg en détermineront le développement futur.

E Actually it is strange that the idea of creating an open-air museum could not have been put into practice much earlier in our country. What really was the reason why large groups of the population objected so energetically in so many cases and with success against the founding of an open-air museum? One thing certainly played a role, this being that many Swiss had never heard anything about such a museum, neither had they ever seen one abroad. Consequently, they could hardly imagine what an open-air museum was. On the other hand, there was a certain—perhaps unconscious—opinion about, as far as rural buildings are concerned, an 'unspoiled world' in our homeland. Many people also believed 'the whole of Switzerland is an open-air museum' because here farmhouses from olden times are still to be found by the dozen. They closed their eyes to the reality, sad but not to be overlooked, that many an old style of house had not been built for more than a century and was thus doomed to die out anyway, that many farmhouses had reached the end of their useful life, that even more of them had been modified, restored and modernized and that just as many had become victims of the requirements for present-day traffic and the justified wishes of country people to live like people in cities.

In the past 30 years widely differing influences led to a great transformation of the buildings existing in the country. Even though this thought may disturb us a great deal, there was always, although slow, change in the development in the styles of rural houses over the centuries. This transition only has such an impact on our generation because it is taking place in such a short time. Historical styles of houses in many parts of our country may still characterize the appearance of countryside communities. And it is one of the major responsibilities of homeland and monument preservation to maintain and care for them. Let us be clear in our minds, however, that it is almost always only possible to preserve the outside appearance, or perhaps only individual parts of the houses. If a house is to be kept in its original location it must fulfil a function.

Since, however, many one-time farmhouses are no longer lived in by farming people, suitable allowance for this must be made inside them. Preserving a house in its original location (as long as this cannot be done as a 'national or village museum'), can generally only be done at the heavy loss of the traditional structural substance. Have you ever noticed that many protected houses suffer from standing, often isolated, in surroundings which completely alter their appearance? The efforts of homeland and monument preservation must be supported so as to retain part of our rural building heritage. We, however, ask for more! Apart from preserving the outward appearance of community character the overall integration must be observed, without fail, in which not only the outside but also the inside of the buildings remain unchanged. This, though, is only possible in a museum. In it the buildings can also be furnished with the pertaining furniture and all things a farmer needed to live and work. In the museum today are small buildings that are no longer used in the practical sense of a farmstead. The following is set down in the foundation document of the 'Foundation of the Swiss Open-Air Museum Ballenberg'.

- Typical rural buildings of Switzerland are to be preserved without changing their outside or inside appearances.
- They are to contain the original-style furniture and usual farming tools, implements, carts and other equipment.
- They are to be rebuilt without disturbing additions and made accessible to the public.
- They are to be contained in an area that can be overlooked so that comparisons can be made.
- Understanding for their special features and pecularities is to be promoted by guided tours and explanations.
- Old and traditional trades and crafts are to be shown.
- A recreational area is to be created in which earlier rural styles of building and ways of living can be presented in a unique and scholarly way.

These lines express the main basic objectives that were decisive when planning and creating the Swiss Open-air Museum Ballenberg. The smallest unit—*a farmstead*—corresponds to the usual farmsteads found in our country. In the open-air museum all buildings are incorporated which belonged to a farmstead in earlier days. Of particular importance is how the buildings tied in the farmstead from the practical, functional aspect. The individual houses are characteristic of the type of farming. Several farmsteads from a geographic region form an *'architectural unit'.*

This group represents typical styles of houses and farmsteads selected from a scholar's point of view for a limited area and, at the same time, it shows the dominating character of the community. Altogether the following architectural units are planned.

Architectural unit 1: The Jura (High Jura: Jura, Neuchatel, Berne, Plateau Jura, Basle, Aargau).

Architectural unit 2: Central Mittelland (Aargau, Solothurn, Lucerne).

Architectural unit 3: Bernese Mittelland.

Architectural unit 4: Rural trades and crafts.

Architectural unit 5: Western Mittelland (Fribourg, Waud, Geneva).

Architectural unit 6: Eastern Mittelland (Zurich, Thurgau, Schaffhausen, St. Gall).

Architectural unit 7: Central Switzerland (Lucerne, Nidwalden, Obwalden, Schwyz, Uri, Zug).

Architectural unit 8: Tessin.

Architectural unit 9: The Grisons.

Architectural unit 10: Bernese Oberland.

Architectural unit 11: Valais.

Architectural unit 12: East Switzerland (Appenzell, Glarus, St. Gall).

Architectural unit 13: The Alps.

Ballenberg's terrain is ideally situated to putting this plan into practice as it is actually a miniature replica of the principal Swiss landscapes. This terrain is full of variety and covers an area of some 50 hectares. In splendid mixed woodland there are both large and small clearings cultivated extensively in earlier days by farmers from the neighbouring villages of Hofstetten and Brienzwiler. Individual groups of buildings are set in these clearings to shield one from the other by a natural background. The topographical conditions were decisive when putting the architectural units in the Ballenberg countryside. The surroundings that exist should conform as closely as possible with the countryside in which the buildings in the group originally stood. Paths of different lengths lead from one architectural unit to another giving visitors an opportunity to collect their thoughts and enjoy the surrounding natural beauty. Buildings to be displayed were selected on the basis of scholarly studies that were carried out over the past decades by various researchers and the 'Aktion Bauernhausforschung in der Schweiz'. A house that is offered must be typical for the region in question and the time from which it originates. Furthermore, it should allow considerable insight into the historical development of the buildings while being a characteristic example of how they were divided up and the functions they served. Our attention is often drawn to exhibits by people conversant with the region, preservers of monuments and historic relics and homeland preservatists, not forgetting the owners themselves. The houses re-erected so far were either donated by the owners or sold to us at a token price. Requisite for our accepting such a gift, however, is that the building fits in the concept of the museum. The old houses contain workshops of widely differing kinds. Craftsmen work in them, producing objects before the eyes of the visitors and showing inquisitive onlookers how the work is done.

Obviously, we are aware that an open-air museum cannot show life and work in earlier times in all their reality. The houses may be there: they contain the usual old fittings and here and there someone is working: a fire is burning in a stove: smoke wafts through the kitchens: old clothes are hanging in a hallway and you can smell hay or grass in the barn. The key element, however, is missing—the working farmer and his family. Entering a house through an open door, you often gain the impression that its inhabitants have just left for the fields. Just this feeling of reality is what the fitments and implements should produce, although without any out-of-place romanticism. Life in earlier times was often very hard and only on looking back in rapturous reminiscence does it seem to people of today to be 'the good old times'. Our forefathers understood how to harmonize houses and farmsteads with the countryside in a way that formed an impressive entity of man and nature. We have made every effort to achieve this in the museum as well. Many visitors are amazed and believe the houses had stood here in the past. The special appeal of the open-air museum lies in its setting in an unspoiled landscape. To meander here is also relaxing for a visitor who does not necessarily want to become acquainted with Swiss styles of houses. From the time the museum was opened at the end of May 1978 until the Autumn of 1981 almost a million visitors had visited the open-air museum. Where only about 16 buildings stood at that time 30 were already being displayed in 1981 and others are being added every year. Further expansion is governed by the financial resources made available by the Foundation of the Swiss Open-Air Museum Ballenberg.

Vorhandene Baugruppen:

Baugruppe 3, Berner Mittelland
311 «Alter Bären» von Rapperswil BE, Museumsgaststätte
312 Ofenhaus von Oberwangen BE, Kassagebäude
321 Haus von Madiswil BE, Vielzweckbau, erbaut 1710
322 Speicher von Kiesen BE, erbaut im 17. Jh.
323 Sodbrunnen von Wimmis BE
331 Haus von Ostermundigen BE, Vielzweckbau eines Grossbauern, erbaut 1797
332 Speicher von Ostermundigen BE, erbaut im 18. Jh.
333 Stöckli von Detligen BE, mit Backofen, erbaut im 18. Jh.
334 Taglöhnerhaus von Detligen BE, erbaut 1760
341 Scheune von Faulensee BE, erbaut 1702
352 Speicher von Wasen i. E. BE

Baugruppe 4, Ländliches Gewerbe
411 Säge von Rafz ZH, Sägereigebäude, erbaut ca. 1841
421 Leinsamenstampfe von Medel GR
491 Kohlenmeiler, Werkschopf
492 Kalkbrennofen
495 Schutzhütte

Baugruppe 6, Östliches Mittelland
611 Haus von Richterswil ZH, Wohnhaus, erbaut ca. 1760
612 Waschhaus und Speicher von Rüschlikon ZH
613 Schuppen für Trester von Männedorf ZH
621 Haus von Uesslingen TG, Vielzweckbau mit Kelterraum, erbaut im 17. Jh., Brot- und Gebäckmuseum
622 Speicher von Wellhausen TG
631 Weinkelter von Schaffhausen mit Baumpresse von Fläsch GR
641 Haus von Wila ZH, Vielzweckbau

Baugruppe 7, Zentralschweiz
711 Haus von Sachseln OW, Wohnhaus

Baugruppe 10, Berner Oberland
1011 Haus von Adelboden BE, Vielzweckbau, erbaut 1698
1012 Siedherd von Adelboden BE, für Ampferfutter
1021 Haus von Matten/Interlaken BE, Wohnhaus, erbaut im 17. Jh.
1022 Speicher von Niederried BE, erbaut 1652
1023 Heustall von Brienzwiler BE, erbaut 1636
1031 Haus von Brienz BE, Doppelwohnhaus, erbaut 1778
1042 Dörrofen von Brienzwiler BE
1312 Käsespeicher von der Alp Hintisberg, Lütschental BE, im Grindelwaldtal, erbaut 1608

Groupes architecturaux existants:

Groupe architectural 3: Plateau suisse bernois
311 «Alter Bären» de Rapperswil BE, restaurant du Musée
312 Maison avec four d'Oberwangen BE, emplacement de la caisse
321 Maison de Madiswil BE, construction à usages multiples de 1710
322 Grenier de Kiesen BE, construit au 17ᵉ siècle
323 Puits de Wimmis BE
331 Maison d'Ostermundigen BE, bâtiment à usages multiples d'un grand domaine, construit en 1797
332 Grenier d'Ostermundigen BE, construit aus 18ᵉ siècle
333 Stöckli de Detligen BE, avec four à pain, construit au 18ᵉ siècle
334 Maison de journalier de Detligen BE, construite en 1760
341 Hangar à récoltes de Faulensee, construit en 1702
352 Grenier de Wasen i. E. BE

Groupe architectural 4: artisanat campagnard
411 Scierie de Rafz ZH, bâtiment avec scierie construit en 1841
421 Pressoir pour lin de Medel GR
491 Meule à charbon, atelier
492 Four à chaux
495 Abri

Groupe architectural 6: Plateau suisse oriental
611 Maison de Richterswil ZH, maison d'habitation construite en 1760
612 Buanderie et grenier de Rüschlikon ZH
613 Séchoir pour marc de raisin de Männedorf ZH
621 Maison d'Uesslingen TG, bâtiment à usages multiples avec pressoir, construit au 17ᵉ siècle, Musée du pain et de la pâtisserie
622 Grenier de Wellhausen TG
631 Pressoir de Schaffhausen avec la presse de Fläsch GR
641 Maison de Wila ZH, bâtiment à usages multiples

Groupe architectural 7: Suisse centrale
711 Maison de Sachseln OW, maison d'habitation

Groupe architectural 10: Oberland bernois
1011 Maison d'Adelboden BE, bâtiment à usages multiples construit en 1698
1012 Marmite d'Adelboden BE pour l'oseille des alpes
1021 Maison de Matten BE, maison d'habitation, construite au 17ᵉ siècle
1022 Grenier de Niederried BE, construit en 1652
1023 Etable-fenil de Brienzwiler BE, construit en 1636
1031 Maison de Brienz BE, maison d'habitation double, construite en 1778
1042 Séchoir de Brienzwiler BE
1312 Grenier pour fromage de l'alpe Hintisberg, Lütschental BE, vallée de Grindelwald construit en 1608

Existing architectural units:

Architectural unit 3: Bernese Mittelland
311 «Alter Bären» (Old Bear) from Rapperswil, Bern, museum's restaurant
312 Oven-house from Oberwangen, Bern, ticket office
321 House from Madiswil, Bern, multi-purpose building, 1710
322 Storehouse (granary) from Kiesen, Bern, 17th cent.
323 Well from Wimmis, Bern
331 House from Ostermundigen, Bern, multi-purpose building owned by a large-scale farmer, 1797
332 Storehouse (granary) from Ostermundigen, Bern, 18th cent.
333 Retired farmer's house from Detligen (Stöckli), Bern, with oven, 18th cent.
334 Day-labourer's house from Detligen, Bern, 1760
341 Barn from Faulensee, Bern, 1702
352 Storehouse from Wasen i. E., Bern

Architectural unit 4: Rural trades and crafts
411 Sawmill from Rafz, Zürich, around 1841
421 Linseed stamper from Medel, Graubünden
491 Charcoal works, Workshed
492 Lime Kiln
495 Shelter

Architectural unit 6: Eastern Mittelland
611 House from Richterswil, Zürich, residential house, around 1760
612 Washhouse and storehouse from Rüschlikon, Zürich
613 Shed for drying grapehusks from Männedorf, Zürich
621 House from Uesslingen, Thurgau, multi-purpose building including room with apple-press, 17th cent., Museum for Bread and Pastry
622 Storehouse from Wellhausen, Thurgau
631 Winepress-house from Schaffhausen with press from Fläsch, Graubünden
641 House from Wila, Zürich, multi-purpose building

Architectural unit 7: Central Switzerland
711 House from Sachseln, Obwalden, residential house

Architectural unit 10: Bernese Oberland
1011 House from Adelboden, Bern, multi-purpose building, 1698
1012 Open fireplace from Adelboden, Bern, for cooking pigfood from dock
1021 House from Matten, Bern, residential house, 17th cent.
1022 Storehouse from Niederried, Bern, 1652
1023 Barn from Brienzwiler, Bern, 1636
1031 House from Brienz, Bern, two-family house, 1778
1042 Food drying house from Brienzwiler
1312 Cheese storing-hut from Alp Hintisberg, Lütschental, valley of Grindelwald, Bern, 1608

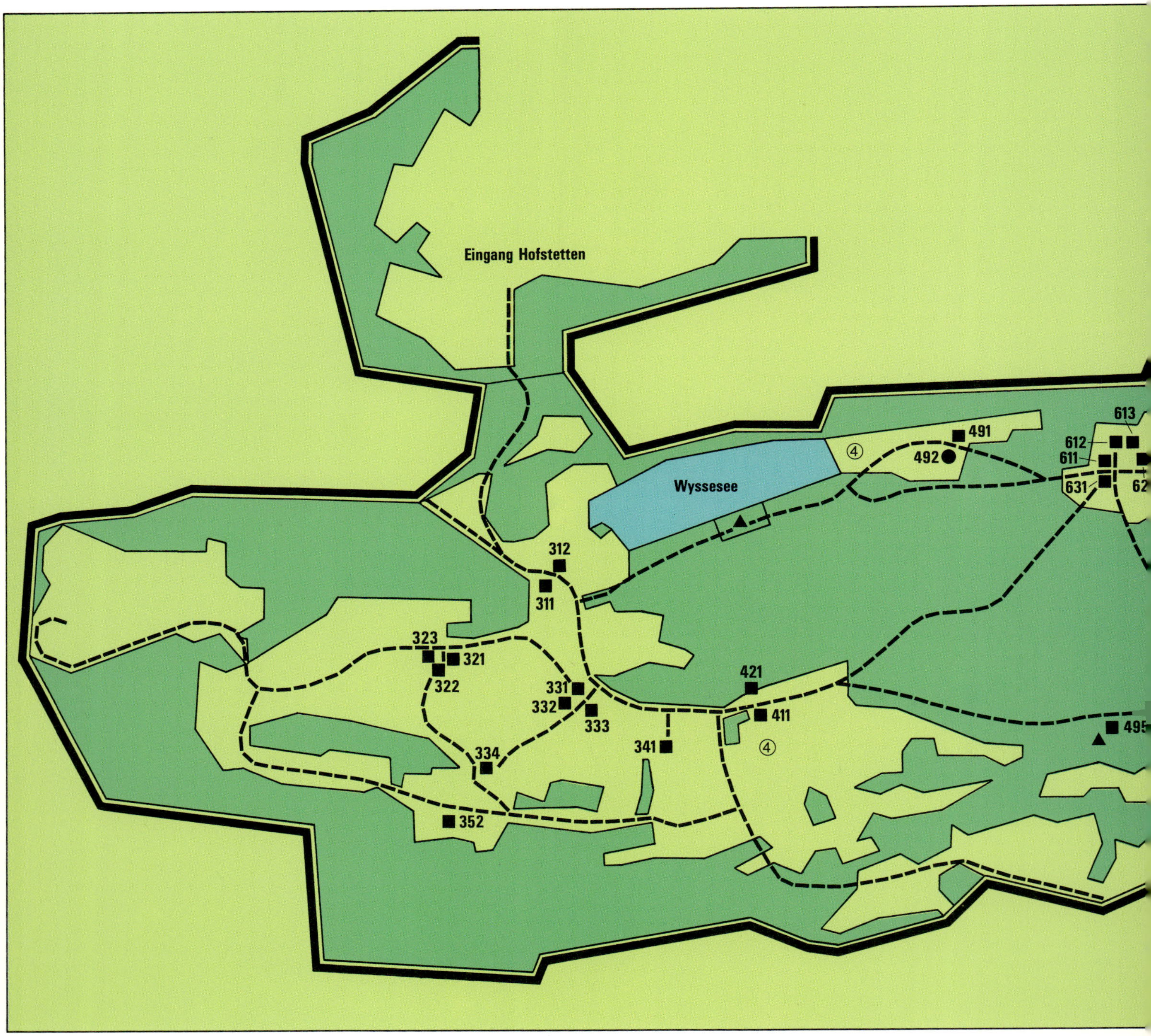

Eingang Hofstetten
Wyssesee
613
612
611
631
62
491
492
④
312
311
323
321
322
331
332
333
334
352
421
411
341
④
495

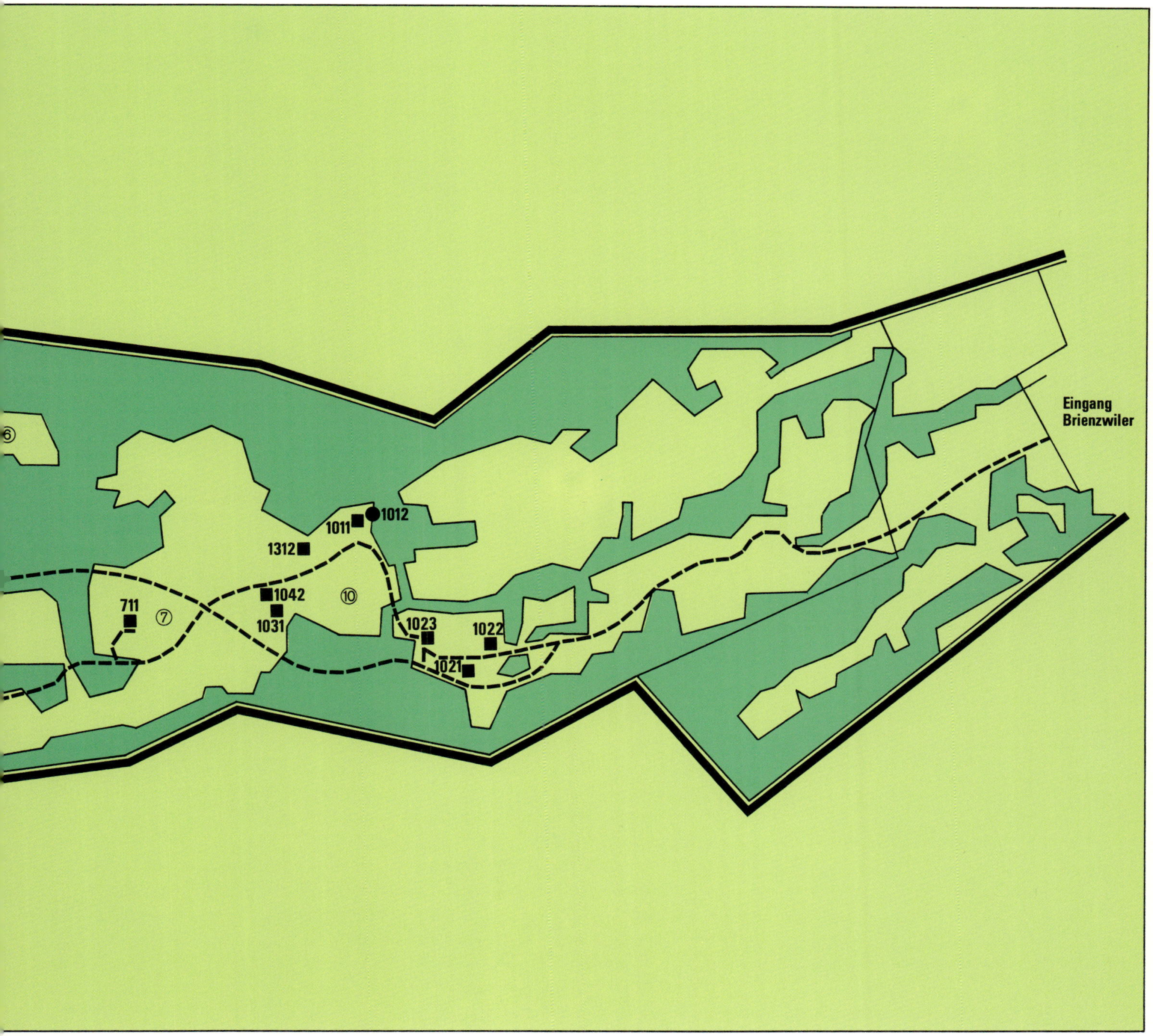
Eingang
Brienzwiler
⑥
⑦
⑩
711
1312
1011
1012
1042
1031
1023
1022
1021

Baugruppe Berner Mittelland
Groupe architectural Plateau Suisse bernois
Architectural Unit – Bernese Mittelland

D Noch heute beeindruckt das Berner Mittelland durch die weiten Äcker, die grünen Wiesen, den reichen Gemüsebau in Stadtnähe und die prächtigen Höfe, die lockeren Weiler oder geschlossenen Dörfer. In dieses früher rein agrarische Gebiet drangen in jüngerer Zeit zahlreiche Industrien oder Wohnsiedlungen städtischer Bevölkerung.

Das von Jeremias Gotthelf in vielen Erzählungen geschilderte Hofrecht, bei dem gewöhnlich der jüngste Sohn den Hof übernimmt, sichert den behäbigen Höfen ihre Grösse und Beständigkeit. Oft sitzt seit Jahrhunderten dieselbe Familie auf dem gleichen Hof. Die ledigen Brüder und Schwestern opferten nicht selten ihre persönlichen Wünsche, um dem Hof zu dienen und ihrem Bruder bei der Arbeit zu helfen. Mancher Hof, der nicht genügend Mägde und Knechte hatte, konnte auf diese Weise in der Familie gehalten werden. Wenn der Altbauer den Hof seinem Sohn übergab, siedelte er mit seiner Frau ins «Stöckli» über, wo er in Sichtweite des Hofes wohnte.

Im Hofgebiet des Berner Mittellandes waren bis ins 19. Jahrhundert hinein voneinander getrennte Schichten der Bevölkerung vorhanden. Die eigentlichen Bauern, die Hofbesitzer, waren selbstbewusste Menschen. Sie besassen die notwendigen Zugtiere, Ochsen oder Pferde, um die Felder zu pflügen. Die damals herrschende Dreizelgenwirtschaft zwang alle Bauern auf einer Zelge dieselbe Ackerfrucht anzupflanzen und die notwendigen Arbeiten gleichzeitig durchzuführen. Daher waren die Hofbesitzer in den Versammlungen der Gemeinden entscheidend. Im Laufe der Jahrhunderte wurden grosse Höfe nicht selten geteilt. Bei manchen war die zugehörige Flur so bescheiden geworden, dass ihr Ertrag nicht mehr ausreichte, um eine Familie zu ernähren. Diese Kleinbauern mussten daher einen zusätzlichen Verdienst suchen. Sie übten ein Gewerbe oder Handwerk aus, bei dem oft auch andere Familienangehörige mitwirkten. In einer Wirtschaft, in der das meiste, was man brauchte, selbst hergestellt wurde, waren zahlreiche Handwerker nötig. Wir staunen oft, wie viele verschiedene Handwerker in einem Dorf lebten. Schuhmacher, Schneider, Zimmerleute, Dachdecker waren stets mehrere vorhanden, während in anderen Berufen einer oder zwei genügten. Manche dieser Berufe sind längst verschwunden. Seit dem 16. Jahrhundert nahm die Bevölkerung auf dem Lande zu. So bildete sich neben den mehr oder weniger stark in der Landwirtschaft tätigen Bauern und Kleinbauern eine dritte Schicht, die nur wenig oder gar keinen Grundbesitz hatte: die Taglöhner. In vielen Gebieten unseres Landes bezeichnet man sie als «Tauner». In einzelnen Gemeinden bildeten sie 30 bis 40% der Bewohner. Obwohl zahlenmässig stark, besassen sie praktisch keine Bedeutung. Sie waren abhängig von den Bauern oder Handwerkern, bei denen sie zeitweilig arbeiten konnten. Meist besassen sie wenig Vieh, eine Kuh oder einige Ziegen, die auf Allmendland weiden konnten. Das waren die «Geissepuurli» zu Gotthelfs Zeiten. Um ihre Familien zu ernähren, waren auch sie auf weitere Verdienstmöglichkeiten angewiesen. Im Freilichtmuseum ist für jede dieser Bevölkerungsschichten ein charakteristischer Hof vorhanden. Der reiche Bauer wird mit dem Hof von Ostermundigen dargestellt. Der Hof des Kleinbauern, das Haus von Madiswil mit dem Speicher von Kiesen, zeigt eine altertümliche Bauweise (Hochstudbau) und ist ein Doppelwohnhaus. Die Einteilung des Hauses ist bescheidener als beim Grossbauern, und vor allem enthält der Wirtschaftsteil keinen Pferdestall. Noch kleiner, nur mit einer schmalen Tenne und kleinen Ställen versehen ist das Haus des Taglöhners.

Neben dieser sozialen Schichtung, die ausgedrückt wird durch die unterschiedliche Grösse der Häuser und ihre Ausstattung, zeigt die Baugruppe Berner Mittelland die früher verbreitete Siedlungsform eines lockeren Weilers. Die Höfe stehen auf Sichtweite, aber zwischen ihnen liegen Gärten, Äcker und Wiesen mit Obstbäumen.

Die Gebäude der Höfe sind so ausgewählt, dass sie dem Besucher die im Berner Mittelland vorhandenen typischen Hausformen vorstellen. Der alte Ständerbau ist im Haus von Madiswil sehr schön vertreten. Dieselbe Konstruktion, allerdings weniger eindrücklich, findet sich im Haus des Taglöhners, bei dem aber die meisten Wände durch Flechtwerk gebildet werden, das beidseitig mit Lehm verstrichen ist. Der Wohnteil des Grossbauernhofes besteht ebenfalls noch aus Ständerwerk, aber im Wirtschaftsteil werden mächtige Sandsteinquader verwendet.

5

Baugruppe Berner Mittelland

Groupe architectural du «Mittelland» bernois

Architectural unit—Bernese Mittelland

F Aujourd'hui encore, le «Mittelland» bernois perpétue le beau spectacle de ses vastes champs labourés, de ses prairies, de ses riches cultures maraîchères au voisinage des villes, et de fermes splendides, de hameaux et de villages aux habitations plus ou moins serrées. Autrefois exclusivement agricole, cette région a vu s'installer à une époque récente de nombreuses industries et des populations citadines.

Le doit successoral décrit par Jeremias Gotthelf dans beaucoup de ses récits, et selon lequel c'est habituellement le plus jeune des fils qui reprend la ferme, maintient la grandeur et la stabilité des domaines. Il arrive souvent qu'une famille tienne le même domaine des siècles durant. Il n'était pas rare de voir les frères et sœurs célibataires sacrifier leurs goûts personnels pour garantir l'unité et la viabilité de l'exploitation et aider leur frère dans son travail. Bien des domaines qui manquaient de servantes et de valets de ferme ont pu être ainsi gardés dans une famille. Au moment de remettre l'exploitation à son fils, le vieux paysan se retirait dans le «Stöckli» et y vivait à proximité immédiate de la ferme.

Dans la région du Plateau suisse bernois, on note jusqu'au XIXe siècle des classes sociales distinctes parmi la population rurale. Les paysans proprement dits, les propriétaires d'un domaine, avaient le sentiment de leur valeur. Ils possédaient les bêtes de trait nécessaires – bœufs ou chevaux – pour labourer leurs champs. L'assolement triennal en vigueur à l'époque contraignait tous les paysans à faire la même culture sur une sole donnée et à effectuer les travaux nécessaires en même temps. C'est pourquoi les agriculteurs propriétaires tranchaient dans les assemblées communales. Les grands domaines étaient assez souvent partagés au cours des siècles. Lorsque leur surface était devenue trop petite pour assurer l'entretien normal d'une famille, leur propriétaire devait rechercher ailleurs un gain complémentaire. Ils tenaient un commerce ou exerçaient un métier artisanal, souvent avec la collaboration de membres de leur famille. Dans une économie essentiellement autarcique, il fallait énormément d'artisans. Le grand nombre des artisans qui vivaient autrefois dans les villages nous surprend aujourd'hui. Il y avait toujours plusieurs cordonniers, tailleurs, charpentiers, couvreurs, alors qu'un ou deux représentants d'autres métiers pouvaient suffire; beaucoup d'entre ceux-ci ont disparu depuis longtemps. On trouvait encore dans ces campagnes une troisième classe sociale, qui s'est développée à partir du XVIe siècle: celle des ouvriers journaliers («Tauner») qui ne possédaient que très peu ou pas du tout de terre. Ils constituaient de 30 à 40% des habitants dans certaines communes. Bien que nombreux, leur importance était quasi nulle. Ils dépendaient des paysans ou des artisans auprès desquels ils travaillaient occasionnellement. Ils possédaient en général peu de bétail, une vache ou quelques chèvres qui pouvaient pâturer sur les terres communes («Allmend»). C'étaient là les «paysans chevriers» («Geissepuurli») du temps de Gotthelf. Eux aussi devaient trouver un travail d'appoint pour nourrir leur famille. Le Musée en plein air présente une ferme caractéristique de chacune de ces classes sociales. Le paysan riche est représenté par la maison d'Ostermundigen. La ferme du petit paysan – la maison de Madiswil avec le grenier de Kiesen – montre un type de construction archaïque (à poteaux de faîte) et comprend deux logements. Sa disposition est plus modeste que celle du gros paysan et sa partie réservée à l'exploitation ne comprend pas d'écurie. Encore plus petite, la maison de journalier n'a qu' une aire étroite et de petites étables.

Outre cette différenciation sociale exprimée par la grandeur des maisons et leur aménagement, le groupe architectural du Mittelland bernois met en évidence la forme d'habitat autrefois répandue qu'était le hameau dispersé. Les fermes sont en vue les unes des autres, mais séparées par des jardins, des champs et des vergers.

Les bâtiments de chaque «exploitation» ont été choisis de façon à donner au visiteur une idée des formes de maisons typiques du Mittelland bernois. L'ancienne construction à poteaux de faîte est très bien représentée par la maison de Madiswil. Le même type de construction se retrouve sous une forme

6

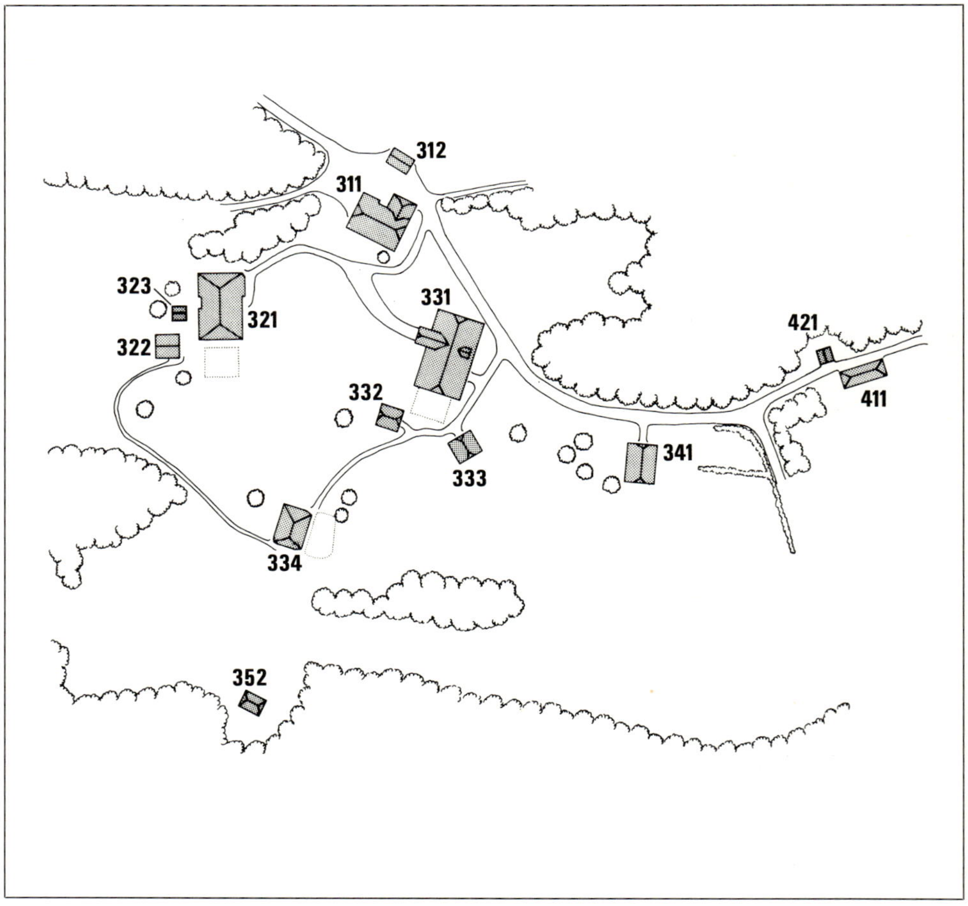

plus modeste dans la maison du journalier; mais la plupart des murs sont formés ici par un entrelacs de baguettes recouvert de terre glaise sur ses deux faces. La partie habitable de la grande ferme comprend encore une charpente à poteaux de faîte, mais la partie réservée à l'exploitation repose sur de gros blocs de molasse.

E Today, still, the Bernese Mittelland is impressive with its expansive fields, green meadows, rich vegetable gardening near towns and the magnificent farmsteads, the sprawling hamlets or compact villages. In recent times many industries or housing estates of town dwellers have eaten into this previously purely agricultural region.

The size and continuance of the placid farmsteads were guaranteed by the hereditary rights, depicted in many stories by Jeremias Gotthelf, according to which the youngest son usually took over the farmstead. Often, the same family lived for centuries on the same farmstead. It was not seldom that single brothers and sisters sacrificed their personal desires to serve the farmstead and to help their brother with the work. Many a farmstead that had too few maidservants and farmhands, could be kept in the family in this way. Once the father had passed on the farmstead to his son, he moved into the retired farmer's house with his wife, where he could live with the farm in sight.

In the farming area of the Bernese Mittelland there were distinctly separated social levels among the people up until the nineteenth century. The actual farmers, the farm owners, were self-assured people. They owned the necessary draught animals—horses or oxen—to plough the fields. The 3-field, 3-year-cycle land rotation system prevailing in those days made all farmers of a shared plot of land plant the same crop and carry out the necessary work at the same time. Consequently, the farm owners were influential at community meetings. Over the centuries it was not unusual for large farmsteads to be split up. In some cases the land they had no longer yielded enough to feed one family. The peasant farmers thus had to look for another source of income. They turned to a trade or craft at which other members of the family often helped as well. In this society, in which most of what was needed was made by themselves, a large number of craftsmen were needed. Often we are amazed how many different craftsmen lived in a village. There were always several shoemakers, tailors, carpenters and rooflayers whereas one or two in the other trades were sufficient. Many of these trades have long disappeared. The population in the country began to increase in the sixteenth century so that a third social class formed, in addition to the farmers and peasant farmers who were more or less heavily involved in agriculture, and these owned either only very little land or none at all—the day-labourers. In some communities they made up 30 to 40% of the inhabitants. Although present in large numbers they were virtually without influence. They were dependent on the farmers or craftsmen for whom they could work part of the time. Generally, they owned some cattle, a cow or some goats, which were allowed to graze on common pastures. In Gotthelf's time they were the so-called goat farmers. To support their families they also had to rely on other sources of income. In the open-air museum there is a farm characteristic of each of these social classes. Rich farmers are represented by the house from Ostermundigen. The peasant farmer's house—the house from Madiswil with the storehouse from Kiesen—shows an ancient method of construction (high post or stud design) and is a two-family house. The house is divided up more modestly than that of the rich farmer and, above all, does not contain a horse stable. The house of a day labourer is even smaller but also has a small barn or threshroom and small stalls.

7

7

Baugruppe Berner Mittelland von Osten

Le groupe architectural du «Mittelland» bernois vu de l'est

Architectural unit—Bernese Mittelland from the east

Apart from these social levels, that are indicated by the different sizes of the houses and also by their furniture and fitments, the architectural unit from the Bernese Mittelland illustrates the type of community that was widespread in earlier days, a sprawling hamlet. The farmsteads are in sight of each other but gardens, fields and meadows containing fruit trees lie between them. The buildings on the farmsteads have been selected to show the visitor the typical existing styles of houses in the Bernese Mittelland. The old post and beam design is represented extremely well in the house from Madiswil. The same design, although less impressive, is used in the day-labourer's house in which most walls are made of daub and wattle (woven branches covered with mud).

The living quarters in the rich farmer's house also have the post and beam structure, but enormous square blocks of limestone are used in the farming and working area.

«Alter Bären» von Rapperswil BE

D Häufig werden Gastwirtschaften im Kanton Bern mit «Bären» bezeichnet, dem Wappentier dieses Kantons. So hat auch die Gastwirtschaft des Freilichtmuseums diesen Namen erhalten. Ein entsprechendes Wirtshausschild von 1806 wurde vom Historischen Museum in Bern kopiert.

Als das Haus noch in Rapperswil stand, war es ein Vielzweckbau mit Wohnteil, Tenn und Stall. Um 1837 wurde an das Haus ein seitlicher Anbau als Gaststube angefügt. Die Bewohner waren demnach eigentlich Bauern, welche nachweisbar nur während einer Reihe von Jahren die Bewilligung besassen, eine Gastwirtschaft zu betreiben.

Der gefällige Bau weist ein einfaches, aber typisches Fachwerk auf, wie es in dieser Gegend schon in der 2. Hälfte des 18. Jahrhunderts üblich war. Das grosse Dach mit den reizvollen kleinen Walmen an den Giebelseiten überdeckt auf einer Traufseite eine Laube im Obergeschoss. Der Vorplatz ist mit Steinen sorgfältig gepflästert. Hier plätschert das Wasser in einen grossen Brunnen, datiert 1833. Zwei Wasserbecken sind aus einem einzigen, mächtigen Kalksteinblock herausgehauen.

Zwar ist das Äussere des Hauses von Rapperswil kaum verändert, aber im Innern musste das Haus den modernen Bedürfnissen einer Gastwirtschaft angepasst werden. Während der Öffnungszeit des Museums herrscht hier stets ein reges Treiben. Manche Gäste sind gar enttäuscht, wenn sie nicht sofort einen angenehmen Sitzplatz finden. Doch die Bedienung ist freundlich und rasch, und schon bald steigt die Stimmung: fröhliche Gespräche, lachende Gesichter, und nicht selten erschallt ein spontan angestimmtes Volkslied.

Der «Alte Bären» ist auf der Hofstetter Seite der Ausgangspunkt für Führungen durch das Gelände des Museums. Eine kleine Schar von gut informierten Männern und Frauen übernehmen die Besucher und erklären ihnen mit begeisternden Worten die Besonderheiten der Häuser. So erfährt man vieles, was man gar nicht gewusst hatte, und staunt über die Lebensweisheit und Erfahrungen von Jahrhunderten.

Ganz nahe beim «Alten Bären» steht ein kleines, unscheinbares, gemauertes Kassagebäude. Viele Besucher gehen daran vorbei, bezahlen ihren Eintritt, kaufen Karten, Briefmarken oder die Publikationen des Museums und merken gar nicht, dass es sich eigentlich um ein früheres Ofenhaus handelt.

Im Augenblick ist es zweckentfremdet, aber wenn einmal – wie das geplant ist – ein grosses Eingangsgebäude beim Parkplatz stehen wird, soll der Back- und Dörrofen, dessen Bestandteile eingelagert sind, wieder am ursprünglichen Platz eingebaut werden. Dann gehört das hübsche Ofenhaus mit seinen grauen Sandsteinquadern an den Hausecken, der schönen Türe mit Sandsteingewänden und den schmalen Schlitzen an der Giebelwand, durch die der Rauch entwich, als Bestandteil zum Haus von Rapperswil.

8

Der «Alte Bären»

«Alter Bären»

The Old Bear Inn ('Alter Bären')

«Alter Bären» de Rapperswil BE

F Il arrive souvent que les auberges du canton de Berne portent le nom «Bären», l'ours qui figure sur les armoiries du canton. Le restaurant du Musée en plein air a donc conservé ce nom. On a copié au Musée d'histoire de Berne une enseigne d'auberge appropriée, datant de 1806.

C'était là une maison à buts multiples avec partie habitée, aire et étable. Vers 1837, on a construit sur l'un des côtés du bâtiment une adjonction utilisée comme salle d'auberge. Ses habitants étaient en fait des paysans dont on sait qu'ils n'ont eu la patente de restaurateur qu'un certain nombre d'années.

Cette plaisante construction est à colombages, d'un type simple mais caractéristique de ce qui se faisait dans cette région dès la seconde moitié du XVIIIe siècle. Joliment coupé en quart de croupe sur les pignons, le grand toit couvre un appentis sur un des côtés. L'espace devant le bâtiment a été soigneusement pavé de grosses pierres, et l'eau y murmure dans une grande fontaine datée de 1833; celle-ci se compose de deux bassins qui ont été taillés ensemble dans un seul bloc de pierre calcaire.

Alors que l'extérieur de la maison de Rapperswil est resté intact, il a fallu adapter l'intérieur aux exigences d'un restaurant moderne. Il y règne toujours beaucoup d'animation durant les heures d'ouverture du Musée. Bien des visiteurs marquent leur déception de ne pouvoir y trouver immédiatement une table bien placée. Mais le service est aimable et rapide, et l'ambiance ne tarde pas à se détendre: on se sourit, des conversations se nouent – et l'on entend parfois une chanson populaire spontanément entonnée.

Situé du côté de Hofstetten, le restaurant «Alter Bären» est le point de départ des visites commentées du Musée. Un petit groupe d'hommes et de femmes bien informés se charge de guider les visiteurs et de leur communiquer son enthousiasme pour les diverses particularités des maisons exposées. On a ainsi l'occasion d'apprendre des choses étonnantes et de s'émerveiller de la sagesse pratique et de l'expérience accumulées au cours des siècles.

A proximité immédiate du «Alter Bären» se trouve le petit bâtiment de la caisse. Beaucoup de visiteurs passent à côté, paient leur entrée, achètent des cartes, des timbres-poste ou les publications du Musée, sans se rendre compte qu'il s'agit là d'un ancien fournil.

Il est donc désaffecté pour le moment, mais lorsque le grand bâtiment d'entrée prévu vers le parking aura été réalisé, ce fournil avec séchoir à fruits et légumes – dont les éléments ont été mis de côté – sera réaménagé dans son état primitif. Avec ses chaînes d'angle en molasse grise et sa belle porte à jambages également en molasse surmontée de fentes étroites, par lesquelles la fumée s'échappait, ce joli fournil deviendra un élément de la maison de Rapperswil.

Old Bear Inn (Alter Bären), Rapperswil BE

E Inns in the canton of Berne often have the word bear (Bär)—the canton's heraldic beast—in their names. It was also the name given to the museum's inn. An appropriate inn sign dating back to 1806 was copied from the Museum of History in Berne.

While still in Rapperswil it served a multi-purpose with living quarters, threshing room and stalls under one roof. Around 1837 an extension, used as a restaurant, was built on the side of the house. Apparently, the occupants were actually farmers who, as can be proved, only held a licence to run an inn for a few years.

A pleasant building, it is made of simple but typical timber framing that was already usual for this region in the second half of the eighteenth century. The broad roof, with its charming shallow hips on the gable sides, covers a balcony on the top floor on the eaves side. The forecourt is carefully plastered with stones. Water splashes here in a large fountain dating from 1833. It has two separate basins that have been hewn from a single massive block of limestone.

Although the outside of the house from Rapperswil is virtually unchanged, the inside had to be adapted for the needs of a modern restaurant. Business always thrives here when the museum is open. Many guests are even disappointed if they cannot find a good place to sit immediately. Nonetheless, the service is friendly and fast, keeping up the good spirits—cheerful conversation, smiling faces and, it's not seldom, for someone to spontaneously start up a folksong.

On the Hofstetter side the Old Bear (Alter Bären) is the starting point for guided tours through the museum grounds. A small team of well-informed men and women take charge of visitors and enthusiastically explain special features of the houses. In this way you can learn a great deal that you didn't know before and marvel at the experience and wisdom of living passed down through the centuries.

A small, inconspicuous, masonry ticket office stands close by the Old Bear (Alter Bären). A lot of visitors just come, pay to enter, buy postcards, stamps or museum publications and never notice that the office is actually an old-time oven-house. Today it is serving the wrong purpose, but once the large planned entrance building next to the parking area has been built the baking and drying oven will be put in its original position. We already have the parts. The pretty oven-house with grey square limestone blocks at its corners, the beautiful doors with their limestone jambs and the narrow smoke apertures in the gable wall, will then become an integral part of the house from Rapperswil.

10

Besammlung zu einer Führung

Rassemblement pour une visite commentée

Gathering for a guided tour

11

Das Ofenhaus als Kassagebäude

Le fournil sert de caisse du Musée

The oven-house as ticket office

12

Hofgruppe mit Haupthaus und Speicher

Groupe rural formé par la ferme et le grenier

Farmstead group with the main house and storehouse

Haus von Madiswil BE

D «Welch gewaltiges Dach!» ist der unwillkürliche Ausruf jedes Besuchers, der dieses Haus zum erstenmal sieht. Wirklich, wie ein mächtiger, tief heruntergezogener Hut überdeckt das riesige Walmdach das ganze Haus. Erst beim Näherkommen sieht man die Wände und Fenster des Erdgeschosses, und zu allerletzt bemerkt man, dass im Halbdunkel unter dem Dach im Obergeschoss auch noch Fenster von Kammern zu sehen sind.

Das Dach ist aber nicht nur äusserlich ein eindrückliches Kennzeichen. Tritt man durchs grosse Tor in die Tenne, so staunt man über den gewaltigen Innenraum, der nur durch die mächtigen Hochstüde (Firstständer), welche den Firstbalken tragen, durchstossen wird. Über den Firstbalken sind die langen Rafen gehängt, auf denen die Dachlatten und der Schindelbelag ruhen. Aus archäologischen Ausgrabungen weiss man, dass diese Art der Konstruktion schon in der Eisenzeit bekannt war. Auch die Alemannen haben vor mehr als 1000 Jahren dieselbe Konstruktion gekannt; allerdings war das Haus damals noch kein Vielzweckbau, sondern ein reines Wohnhaus. Erst im Laufe des späteren Mittelalters vereinigte man Mensch und Vieh unter einem Dach, aber in getrennten Räumen.

Diese Hochstudhäuser sind vollständig aus Holz errichtete Ständerbauten. In einem umlaufenden eichenen Schwellenkranz sind die senkrechten Ständer eingesetzt. Die Wände bestehen aus Bohlen, die in die Ständer eingenutet sind. Mit Liebe und künstlerischem Gefühl hat der Zimmermann einzelne Balken verziert. Die Büge, welche die Laube stützen, wurden dagegen häufig von Freunden oder Nachbarn geschenkt.

Das Haus stand im «Bennacher», am südlichen Dorfrand von Madiswil. Es wurde 1710 als Doppelwohnhaus erbaut. In der zentralen Küche, die von beiden Familien gemeinsam benützt wurde, hatte jede Hausfrau ihren eigenen Herd. Der Rauch zieht aus dem Feuerherd in den Stubenofen und wieder zurück in die Küche, die durch beide Geschosse durchgeht. Unter der Decke hängen Würste und Speckstükke, ständig von bläulichem Rauch umgeben. Nach getaner Arbeit entweicht der Rauch durch allenthalben vorhandene Rauchlöcher in den Wänden in den Scheunenraum oder ins Freie.

Mit seinen zwei Wohnteilen ist das Haus typisch für Kleinbauern. Im Erdgeschoss sind je eine Stube und eine Kammer für die Eltern vorhanden. Kinder und andere im Haushalt lebende Personen schliefen im Obergeschoss, zugänglich durch Aussentreppen, in niedrigen, dunklen Kammern («Gade»). Auch der Wirtschaftsteil weist zwei getrennte Ställe auf, zwischen die sich ein Futtergang schiebt. In der breiten Tenne wurde früher das Getreide mit Dreschflegeln gedroschen. Der Lehmboden erleichterte die Arbeit, sprangen doch die Flegel federnd zurück, wenn die vier Männer im Takt auf die Ähren einschlugen. Mit grosser Sorgfalt brachte man den Lehmboden an. Nicht selten lud der Bauer die ganze Dorfjugend ein zu Musik und Tanz. Ganz von selbst war am folgenden Tag der Lehmbelag festgestampft!

13

Tür mit Jahrzahl 1710

Porte avec la date de 1710

Door bearing the date 1710

Sicher bereits im 17. Jahrhundert wurde in der Gegend von Madiswil (wie auch anderswo) Flachs angebaut und zu Leinen verwoben. Wie wichtig war dieser Nebenerwerb für die zahlreichen, nur wenig Land besitzenden Kleinbauern! Noch 1798 gab es unter den 331 Männern in Madiswil 82 Leinenweber, andere betätigten sich als Hechler, Spinner, Tuchmesser, Garnbaucher (Garnfärber), Posamenter (Handweber). In den Kammern, oft auch in den Stuben, standen Webstühle, die den lieben langen Tag klapperten. Mit verschiedenen Arbeiten betätigte sich die ganze Familie, um dem Vater beim Weben zu helfen.

14

Hochstüde tragen den Firstbalken und das Dach.

De grands poteaux soutiennent la poutre faîtière et le toit.

High studs support the ridge beam and the roof.

16

15

Durchgezapfte Schwelle mit Ständer an der Hausecke

Assemblage à tenons et mortaises du soubassement avec montant vertical à un angle de la maison

Spigotted sill plate (base beam) with uprights at the house corners

Maison de Madiswil BE

F «Quel toit!» ne peut s'empêcher de s'exclamer le visiteur qui découvre cette maison pour la première fois. Effectivement, on commence par ne voir que l'énorme toit en croupe et il faut s'approcher pour apercevoir les murs et les fenêtres du rez-de-chaussée; c'est de tout près qu'on remarque encore dans la pénombre les fenêtres de l'étage, masquées par le toit.

Celui-ci est tout aussi impressionnant vu de l'intérieur. Accédant à l'aire par la grande porte, on peut admirer le vaste espace traversé uniquement par les grands poteaux qui soutiennent la poutre faîtière. De longues perches («Rafen») sont pendues à la poutre faîtière et portent les lattes sur lesquelles repose la couverture du toit. Des fouilles archéologiques ont permis d'établir que cette méthode de construction était déjà connue à l'âge du fer. Les Alamans s'en sont aussi servi il y a plus d'un millénaire; mais il s'agissait alors de maisons d'habitation exclusivement. Ce n'est que vers la fin du moyen âge que l'on a réuni gens et bêtes sous un même toit mais dans des locaux séparés.

Ces maisons à poteaux sont entièrement en bois. Des montants verticaux sont disposés sur le pourtour de base formé par des poutres de chêne. Les parois sont constituées de plateaux fixés dans des rainures taillées le long des montants. Le charpentier s'est plu à décorer certaines poutres avec art. Par contre, les éléments qui soutiennent l'avant-toit étaient fréquemment le don d'amis ou de voisins.

Située en bordure sud du village de Madiswil, cette ferme a été construite en 1710 avec deux logements. Dans la cuisine centrale servant aux deux familles, chaque ménagère avait son propre foyer. La fumée passe du foyer dans la salle de séjour, puis revient plus haut dans la cuisine (qui prend les deux étages). Au plafond sont suspendus saucisses et morceaux de lard, constamment baignés de fumée bleuâtre. Après avoir rempli son office, la fumée s'échappe par différents trous dans les combles ou à l'extérieur.

Avec ses deux logements, c'est là une ferme de petits paysans typique. Chaque logement comprend au rez-de-chaussée une salle de séjour et une chambre pour les parents. Les enfants et les autres habitants dormaient à l'étage – accessible par des escaliers extérieurs – dans des chambrettes basses et sombres («Gade»). La partie réservée à l'exploitation comprend aussi deux étables séparées par le couloir à fourrage. Sur la grande aire, on battait autrefois le blé au fléau. Le sol de terre battue facilitait le travail en faisant rebondir les fléaux dont quatre hommes battaient les épis en cadence. La préparation du sol se faisait avec soin. Il n'était pas rare que le paysan invite toute la jeunesse du village à danser sur son aire; le jour suivant, le revêtement glaiseux était naturellement bien tassé.

C'est certainement au XVIIe siècle qu'on a commencé à cultiver le lin dans la région de Madiswil (comme ailleurs), et à en faire de la toile. Ce revenu accessoire a pris une importance considérable pour les nombreux petits paysans qui disposaient de peu de terre. En 1798 il y avait parmi les 331 hommes de Madiswil 82 tisserands, tandis que d'autres étaient peigneurs, fileurs, drapiers, teinturiers, passementiers. Dans les chambres et souvent dans les salles de séjour, on entendait les métiers à tisser claquer à longueur de journée. Toute la famille aidait le père de diverses manières dans son travail de tisserand.

17

Im Tenn

L'aire

In the threshroom

House from Madiswil BE

E 'What a tremendous roof!' is the exclamation that automatically comes from every visitor that sees this house for the first time. It is true. The expansive hip-roof covers the entire house like an enormous, pulled-down hat. Only on going closer can you see the walls and windows of the ground floor and only at the last moment do you notice in the half-light below the overhanging roof that there are also windows or rooms on the top floor.

The roof is not only an impressive characteristic on the outside. If you pass through the large door into the barn you are amazed by the tremendous space inside which is only penetrated by the giant posts (studs) which carry the ridge beam. The long rafters are hung over the ridge beam and they carry the roof battens and shingles covering. It is known from archaeological excavations that this type of construction was known in the Iron Age. Even the Alemanni were familiar with the same design although at that time the house did not serve many purposes but solely as a dwelling. Only in the course of the later Middle Ages did man and domestic animals live under one roof, but in separate rooms.

These high stud houses are post and beam constructions built entirely of wood. The vertical posts are set in the oak sill plate on all four sides (pole plate system). The walls are made of planks that are set in grooves in the poles. Perhaps for the love of his work or artistic feeling the carpenter carved individual beams. On the other hand the supports holding up the balcony were often given as presents by friends or neighbours.

Originally, this house stood in the so-called Bennacher, on the southern edge of the Madiswil village. It was built in 1710 as a two-family house. In the common kitchen used by both families each housewife had her own hearth. The smoke from the stoves passed into the living room heating oven and then back into the kitchen, which is two storeys high. Sausages, hams and bacon hung below the ceiling, continually enveloped in the blue-grey smoke. After doing its work, the smoke escaped outside or into the barn room through openings everywhere in the walls.

Having living quarters for two families, this house is typical for peasant farmers. On the ground floor there are a living room and parents' bedroom for each family. Children and other people living in the house slept on the top floor in low dark rooms, that were reached by an outside stairway. In the farming and agricultural part of the house there are two separate stalls with a feeding passage between them. In olden times grain was threshed with flails in the wide barn. Its clay floor made this work easier as the flails rebounded better when four men threshed the ears of corn in time. Great care was taken when laying the clay floor. It was not unusual for the farmer to invite all the young people from the village to music and dancing. Next day, the clay covering had automatically been stamped down.

It is certain flax was cultivated and woven to linen in the area around Madiswil as early as the seventeenth century (as elsewhere, too). How important this additional income must have been for the many peasant farmers that owned only little land! In 1798 there were 82 linen weavers in Madiswil among the 331 men living there, others worked as hacklers, spinners, clothcutters, garn dyers and handweavers. Looms were to be found in the bedroom, often also in the living rooms, which rattled away all day long. The whole family carried out different types of work to help the father with the weaving.

18

Stube

Salle de séjour

Living room

19

Vom Flachs zum Garn

D Unterwäsche, Hemden, Bettücher und, vermischt mit Wolle, auch Stoffe, waren aus Leinen angefertigt. Daher pflanzte man in weiten Teilen Flachs an. Aus seinen Fasern konnte man das begehrte Garn herstellen, aus dem die leinenen Tücher gewoben wurden. Doch bis es soweit war, mussten viele Hände manche Stunden hart arbeiten!

In der Nähe des Hauses von Madiswil wird jedes Jahr ein kleines Feld mit Flachs bestellt. Wenn er reif ist, wird er sorgfältig gerupft («raufen»). Unter dem Vordach oder auf den Lauben der Speicher wird der Flachs büschelweise getrocknet. Später zieht man die Büschel durch eine «Riffel», um die Samenkapseln abzustreifen (einen Teil von ihnen bewahrt man für die nächste Saat, aus dem andern gewinnt man Leinöl). Um die Fasern vom Holzteil des Stengels zu trennen, «röstet» man den Flachs auf einer taufeuchten Wiese. In einer einfachen «Brechhütte» unterhält man ein Feuer, um die Flachsbüschel auf einem Rost zu trocknen und anschliessend mit einer «Rätsche» zu brechen. Durch Schwingen bringt man die Fasern in dieselbe Richtung und entfernt die anhaftenden Holzresten. Nun zieht man die Fasern durch eine Hechel, so dass man lange und kurze Fasern trennen kann. Die Fasern können jetzt auf dem Spinnrad zu einem silberglänzenden Faden gedreht werden. Es war früher Arbeit der Kinder, diese Fäden auf einer Haspel zu Garn zu verarbeiten.

Le lin – de la plante au fil

F Le lin servait à faire la lingerie, les chemises, les draps et – mélangé à de la laine – également des tissus. Cette plante était donc passablement cultivée. A partir de ses fibres, on obtenait le précieux fil servant à faire de la toile. Mais avant d'en arriver là, il fallait passer par de multiples et laborieuses opérations.

Chaque année, on réserve un petit champ à la culture du lin près de la maison de Madiswil. Lorsque le lin est mûr on l'arrache avec précaution. On met le lin à sécher par faisceaux sous l'avant-

20

Flachsfeld beim Haus von Madiswil

Champ de lin près de la maison de Madiswil

A flax field near the house from Madiswil

21

Trocknen des Flachses auf der Brechhütte

Séchage du lin sur le foyer
de la cabane de broyeuses

Drying flax at the hackling hut

22

Entfernen der Samenkapseln («riffeln»)

Enlèvement des graines (drégeage)

Stripping the seed pods (combing)

23

24

25

23
Brechen des Flachses mit der «Rätsche»
Broyage du lin au moyen du pilon
A flax breaker

24
Hecheln des Flachses
Peignage du lin
Combing the flax

25
Der Leinenfaden entsteht.
Le brin de lin se forme.
The thread being made.

toit ou sous les galeries du grenier. Par la suite, on passe les faisceaux à travers une drège pour les égrener (une partie des graines est conservée pour les prochaines semailles et de l'autre on extrait l'huile de lin). Pour séparer les fibres du bois de la tige, on rouit le lin sur un pré humide de rosée. Dans le foyer d'une simple «cabane», on entretient un feu destiné à sécher les faisceaux de lin placés sur une grille; ceux-ci sont ensuite broyés par un pilon. Un mouvement oscillant permet d'aligner les fibres et d'éliminer les restes de bois qui adhèrent encore. On passe alors les fibres à travers un sérançoir pour séparer les fibres longues des courtes. On peut enfin tordre les fibres sur le rouet et former ainsi un beau brin argenté. C'était autrefois la tâche des enfants de faire le fil sur un dévidoir à partir de ces brins.

From Flax to Garn

E Underclothes, shirts, bedclothes and, mixed with wool, fabrics as well, were made from linen. That is why flax was cultivated over large areas. The coveted garn could be won from its fibres with which linen cloth was woven. However, before this could be done a large number of hands had to work hard for many hours.

Near the house from Madiswil a small field is sown with flax each year. When it has ripened it is carefully picked. It is dried in bundles below the overhanging roof or on the balconies of the storehouse. Later the bundles are drawn through a comb to strip off the seed pods. (Some are kept for sowing next season, while the others are used to win linseed oil.) To separate the fibres from the woody stem, the flax is retted (steeped) on a dew-damp meadow. A fire is maintained in a simple hackling 'hut' where the bundels of flax were dried and subsequently broken by a so-called breaker (Rätsche). The fibres are aligned in one direction on a shaker which also removes any remaining woody fragments. Long and short fibres are separated by drawing the fibres through a comb. They can then be spun into a shining silvery thread on a spinning wheel. In former times it was a child's job to work these threads to garn on a reel.

26

Flachsbüschel, zum Trocknen aufgehängt

Faisceaux de fibres de lin, suspendus pour le séchage

Bundles of flax hung up to dry

27

Am Spinnrad

Au rouet

At the spinning wheel

Speicher von Kiesen BE

D Nahe beim Haus von Madiswil steht der grosse, mit umlaufenden Lauben versehene Speicher. Als Schatzkammer des Bauern findet er sich etwas abseits vom Haus, wo er vor einem allfälligen Brand geschützt ist, aber doch nicht so weit weg, dass man ihn von der Stube aus nicht gut überwachen könnte. Hier wurden in früherer Zeit die Vorräte an Most, Gemüse, aber auch das gedroschene Getreide, allerhand Gerätschaften, im oberen Speichergeschoss auch der ganze Reichtum an Leinenzeug, Stoffen, Kleidern und in Truhen sogar Wertpapiere oder Geld aufbewahrt. Zuoberst hingen in trockener Luft die geräucherten Würste und der Speck, in Trögen lagen Äpfel- und Birnenschnitze, alles bereit, nun im langen Winter die Ernährung sicherzustellen. Kein Wunder, dass die Speicher mit starken und kunstvollen Schlössern, die sich oft nur durch einen Kniff öffnen liessen, vor dreisten Dieben gesichert waren!

Der Speicher von Kiesen besteht aus halbierten Tannen, sogenannten «Hälblingen», welche in Blockbauweise zusammengefügt wurden.

Die Rundung der Stämme ist nach aussen gerichtet, während die gesägte Seite im Innern der Speicherräume eine glatte Wand bildet. Schmale Schlitze ermöglichen den Luftzutritt, während unbeliebte Nager durch feine Gitter abgehalten wurden. Den Katzen erleichterte man den Zutritt durch ein Schlupfloch in der Türe.

Grenier de Kiesen BE

F Ce grand grenier garni d'une ou de deux galeries sur toutes ses faces se trouve à proximité de la maison de Madiswil. Cette «chambre aux trésors» du paysan est placée légèrement à l'écart de la ferme, à l'abri d'un éventuel incendie, mais tout de même assez près pour pouvoir être surveillée depuis la pièce de séjour. C'est là qu'on gardait autrefois les réserves de cidre et de légumes, mais aussi le grain, toutes sortes d'ustensiles, et à l'étage supérieur la lingerie, des tissus, des vêtements, ainsi que des papiers-valeurs ou de l'argent rangés dans des coffres. Tout en haut, des saucisses fumées et du lard étaient suspendus à l'air sec, des pommes et des poires en morceaux étaient gardées dans des cuves, tout cela destiné à assurer l'alimentation durant le long hiver. On ne s'étonnera donc pas que les greniers aient été préservés des audacieux voleurs par de fortes serrures fabriquées avec art, et dont l'ouverture nécessitait souvent un artifice particulier.

28

Speicher und Bauernhaus bilden einen Hof.

Le grenier et la ferme forment un tout.

Storehouse and farmhouse form a farmstead.

29

30

29
Geflochtene Bienenkörbe
Ruches en vannerie
Woven beehives

Le grenier de Kiesen est formé de demi-rondins en bois de sapin, assemblés aux angles à coches («Blockkonstruktion»). Le côté arrondi de ces éléments est tourné vers l'extérieur, tandis que la partie sciée des demi-rondins forme un mur lisse à l'intérieur du grenier. De minces fentes assurent la ventilation; de fins treillis empêchaient les rongeurs de pénétrer. Le chat était admis par un trou dans la porte.

Storehouse from Kiesen BE

Close by the house from Madiswil is the large storehouse with its balconies on all four sides. As the farmer's 'treasury' it is set somewhat away from the farmhouse where it would be protected against a possible fire, but not so far that it could not be observed from the living room. In earlier times it contained provisions such as cider, vegetables and threshed grain, a diversity of utensils and implements and on the top floor also a wealth of linen, cloth, clothes and even valuable papers or money in trunks. At the highest point, smoked sausages, hams and bacon were hung in the dry air, slices of apple and pears were conserved in troughs and everything kept ready to feed the people through a long winter. No wonder that the storehouse had heavy and artistic locks which, often, could only be opened by a trick as a precaution against thieves. The storehouse from Kiesen is built of halved trunks of fir, so-called half logs, which have been put together in blockhouse construction. On the outside of the storehouse each log is half-round whereas the inside walls are smooth. Narrow slits allow air to enter while undesirable vermin is kept out by narrow wire mesh. A tiny entrance is provided in the door to allow cats to go in and out easily.

31

30
Blockbau mit Hälblingen
Demi-rondins assemblés aux angles à coches
Block house construction using half logs

32

33

32/33
Im Keller
Dans la cave
In the cellar

31
Kornkästen
Caisses à grains
Corn bins

Haus von Ostermundigen BE

D Das ist wirklich eines der schönsten Häuser, die auf dem Ballenberg stehen! Zudem vereinen sich hier ein grosses Haupthaus mit Wohn- und Wirtschaftsteil zusammen mit einem Speicher und einem Stöckli zu einem imposanten Hof. Etwas weiter weg stehen die Feldscheune von Faulensee und das Haus des Taglöhners, beide haben eine direkte Beziehung zum Hof des Grossbauern. Mindestens seit dem 16. Jahrhundert sass die Familie Gosteli auf diesem Hof, den sie als Lehen des Spitals von Bern bewirtschaftete. Er umfasste zur Zeit seiner grössten Ausdehnung in der Mitte des 18. Jahrhunderts rund 120 Jucharten Land, das sind über 40 ha.

In Ostermundigen gehörten 1810 zum Hof «im Eichacker» ausser dem Haupthaus zwei Speicher, wovon der eine mit Stroh bedeckt war, ein Ofenhaus, ein Stöckli und ein Sodhaus (Brunnen). Im Laufe der folgenden 170 Jahre verschwanden ein Speicher, das Ofenhaus und das Stöckli. Im Freilichtmuseum konnten das Haupthaus und der noch vorhandene Speicher, so wie sie in Ostermundigen standen, wieder aufgebaut werden.

Kurz bevor die Wirren der französischen Revolution über den alten Stand Bern hereinbrachen, erbaute Bendicht Gosteli im August 1797 das grosse Haus. Er konnte sich nicht lange daran erfreuen, denn schon am 5. März des folgenden Jahres wurde er nach der unglücklichen Schlacht am Grauholz von den französischen Soldaten vor seinem Haus erschossen.

Schon die Grösse des Haupthauses zeigt, dass der Bauherr seine Stellung und seinen Reichtum zeigen wollte. Die breite Giebelfassade ist beeindrukkend. Zahlreiche Fenster erhellen die Stuben und eine zwischengeschaltete Kammer im Erdgeschoss. Darüber wiederholt sich nochmals dieselbe Eintei-

34

Die imponierende Giebelseite

L'imposante façade à pignon

The imposing gable side

35/36

Bemalter Bug

Console avec des ornements peints

A painted support

lung im Obergeschoss mit den Schlafkammern. Eine Giebellaube wird von der elegant geschwungenen «Ründi», der Verschalung der Dachkonstruktion, eingeschlossen. Den oberen Abschluss bildet ein reizvoller Viertelwalm des Ziegeldaches. Ganz besonders bemerkenswert sind die Bemalung der Laubenbretter mit Vögeln und Füllhörnern, der marmorisierte Laubenpfosten, das auf der Scheunenwand angebrachte mächtige Wappen der Gosteli und die aufgemalten Fenster. Mit dieser Illusionsmalerei erweckt das Haus von Ferne den Eindruck, es sei dreigeschossig, während doch sonst die Bauernhäuser nur zwei Geschosse aufweisen. Das Holzwerk des Wohnteils ist mit grauer Farbe bemalt. Spuren dieser Farbe, die auch ursprünglich vorhanden war, entdeckten wir beim Abbau allenthalben an geschützten Stellen. Damit entspricht das Haus den vielen andern Bauten aus der Zeit um 1800, die ebenfalls grau angestrichen wurden, um von weitem ein gemauertes Haus vorzutäuschen. In Wirklichkeit war nur der untere Teil der Wirtschaftsräume in Mauerwerk aus grossen Sandsteinquadern errichtet. Kein Zweifel, der Bauherr wollte mit seinem Haus repräsentieren!

Beeindruckend ist auch das Innere des Wohnteils. Die mächtige Küche mit alter Herdplatte und dem Rauchfang wurde in dieser Form noch benützt bis wenige Jahre vor der Übernahme durch das Museum. Die grossen, hellen Stuben deuten durch ihre Raumhöhe und Ausstattung an, dass nicht gespart werden musste.

Auf den Wohnteil folgen die Wirtschaftsräume. Eine schön geschwungene Rampe erlaubt den Wagen geradewegs in die Scheune zu fahren. Dieser Raum wird vorläufig als Informationsraum für das Museum benützt. Im Gegensatz zu den altertümlichen Hochstudhäusern liess Bendicht Gosteli eine für das 18. Jahrhundert «moderne» Dachkonstruktion erbauen. Durch die Verwendung eines Sparrendaches konnte der Raum frei von jeglichen störenden Ständern gestaltet werden.

Vor dem Haus dehnt sich ein hübscher Gemüse- und Blumengarten aus, umgeben von einem Sandsteinsockel und aufgesetztem originalem Eisenzaun. In der ursprünglichen Situation zum Haus steht auch der schöne Speicher mit umlaufender Laube. Der Handwerker hat hier in der sorgfältigen Art des 18. Jahrhunderts einen ausgezeichneten und wohlausgewogenen Bohlen-Ständerbau errichtet.

Maison d'Ostermundigen BE

F C'est là une des plus belles parmi toutes les maisons exposées à Ballenberg! En outre, la grande ferme avec habitation et partie réservée à l'exploitation se combine à un grenier et à un «Stöckli» pour former un groupe rural imposant. On trouve un peu plus loin la grange de Faulensee et la maison du journalier; toutes deux sont en relation directe avec la ferme du riche paysan. Ce domaine a appartenu à la famille Gosteli depuis le XVIe siècle au moins, sous forme d'exploitation en fief de l'hôpital de Berne. Au temps de sa plus grande étendue, au milieu du XVIIIe siècle, il totalisait 120 poses bernoises de terres, soit plus de 40 ha.

A Ostermundigen, le domaine «im Eichacker» comprenait en 1810, outre la maison principale, deux greniers dont un couvert de chaume, un fournil, un «Stöckli» et un puits couvert («Sodhaus»). Un grenier, le fournil et le «Stöckli» ont disparu au cours des 170 ans qui ont suivi. Au Musée en plein air, on a pu reconstruire la grande maison et le grenier qui restait, en conservant la disposition qu'ils avaient à Ostermundigen.

C'est peu avant que les troubles de la Révolution française ne s'abattent sur l'ancien régime de Berne que Bendicht Gosteli a construit cette grande ferme, en août 1797. Il n'a guère pu en jouir, car le 5 mars de l'année suivante, après la bataille malheureuse de Grauholz, il a été fusillé devant sa maison par les soldats français.La dimension de la maison principale suffit à montrer que le constructeur tenait à faire parade de sa position et de sa richesse. Sa large façade à pignon ne manque pas d'impressionner. De nombreuses fenêtres éclairent les salles de séjour et la chambre intercalée au rez-de-chaussée. La même disposition se répète au premier étage avec les chambres à coucher. Une galerie de pignon est surmontée par un berceau à la courbure élégante qui couvre la charpente de toit. La façade à pignon se termine en haut par un joli quart de croupe du toit couvert de tuiles. On admirera les oiseaux et cornes d'abondance peints sur le lambrissage de la galerie, le pilier de galerie marbré, les grandes armoiries des Gosteli reproduites sur la paroi de la grange, ainsi que les fenêtres en trompe-l'œil. La maison donne ainsi de loin l'illusion d'avoir deux étages, alors qu'une ferme n'en comporte normalement qu'un. Le bois de la partie habitée est couvert de peinture grise. Lors du démontage, nous avons découvert aux endroits protégés des traces de cette peinture qui existait déjà à l'origine. C'est qu'autour de 1800 beaucoup de maison étaient peintes de manière à donner de loin l'impression qu'il s'agissait de constructions en pierre. En fait, seul le soubassement des locaux réservés à l'exploitation est formé de grands blocs de molasse. Aucun doute, ce propriétaire voulait faire montre d'une certaine ostentation!

L'intérieur de la partie habitée a belle apparence également. Avec son ancienne dalle de foyer et sa hotte de cheminée, la grande cuisine a été utilisée telle quelle jusqu'à quelques années avant que la maison soit reprise par le Musée. La hauteur et l'aménagement des salles de séjour grandes et claires témoignent aussi d'une aisance certaine.

Après la partie habitée, les locaux destinés à l'exploitation. Une rampe joliment arquée permet de tirer les chars jusque dans la grange. Cet espace est provisoirement utilisé comme local d'information du Musée. Renonçant à l'ancienne formule des poteaux de faîte, Bendicht Gosteli a opté pour une charpente qui était «moderne» au XVIIIe siècle. Les toits à chevrons sur entrait permettaient de libérer les combles de tout poteau gênant.

Devant la maison, le beau jardin potager et fleuri est entouré d'une bordure en molasse surmontée d'une clôture en fer d'origine. Au même emplacement relatif qu'à Ostermundigen se trouve le beau grenier avec galerie sur tout le tour. L'artisan a réalisé là, dans la manière soignée du XVIIIe siècle, une construction particulièrement équilibrée et réussie.

37

Landwirtschaftliche Maschinen

Machines agricoles

Agricultural machines

House from Ostermundigen BE

E This is really one of the most beautiful houses on Ballenberg. In addition, an extensive farmhouse with living quarters and a farming section is combined with a storehouse and the retired farmer's house to form an impressive farmstead. A little farther away is the barn from Faulensee and the day-labourer's house, both being directly related to the rich farmer's farmstead. Since at least the sixteenth century this farmstead has been occupied by the Gosteli family whose members ran it as feudal tenants of the hospital in Berne. At its zenith in the middle of the eighteenth century it extended over more than 40 hectars.

When it was in Ostermundigen around 1810 two storehouses (one having a thatched roof), an oven house, a retired farmer's house and a well belonged to the farmstead, named 'Oak Field' (im Eichacker), apart from the large farmhouse. In the course of the subsequent 170 years a storehouse, the oven house and the retired farmer's house disappeared. It was possible for the farmhouse and the still existing storehouse, as they stood in Ostermundigen, to be rebuilt in the open-air museum. Bendicht Gosteli built the large farmhouse in August 1797 shortly before the troubled times of the French Revolution broke upon old Berne. He did not enjoy it long for he was executed in front of his house by French soldiers on the 5th of March the next year after the unfortunate Battle of Grauholz.

The size of the farmhouse alone shows that its owner wanted to boast his position and wealth. The broad gable end facing is impressive. Numerous windows let light into the living rooms and a small room between them on the ground floor. Above them, on the top floor, the bedrooms are arranged in the same way. Outside a balcony on the gable side is framed by the elegantly swung timber cladding of the arched under-eaves design. Above it the tiled roof terminates in a charming quarter hip. The bird and cornucopia paintings on the balcony slats and rails, the marbled balcony posts, the tremendous Gosteli coat of arms on the hay loft wall and the painted imitation windows are most worthy of note. Due to these painted imitations the house gives the impression of having three floors from a distance whereas, in fact, the farmhouses otherwise have only two floors. The woodwork of the living quarters is painted grey. Traces of this colour, which was also used originally, were discovered in several protected places when the house was taken apart. Consequently, this house corresponds to many other buildings dating back to about 1800 which were also painted grey so as to simulate a masonry house from a distance. In reality only the lower part of the farming section was made of large sandstone block masonry. There is no doubt that the owner wanted his house to be representative.

Similarly, the inside of the living quarters is striking. The enormous kitchen with its old cooking range and the chimney hood was used, as it stands, until only a few years before being taken over by the museum. Spacious, bright living rooms indicate by their height and furnishings that money did not have to be saved.

38

Die Stube

Salle de séjour

The living room

The farming section follows the living quarters. A curved ramp allows carts to be driven straight into the threshroom. The barn is being used as an information office for the museum for the time. Unlike in ancient high post (stud) houses Bendicht Gosteli had a roof structure that was 'modern' for the eighteenth century built. By using a rafter roof the space below could be kept free from any posts (studs) that would be in the way. A pretty and well-kept flower and vegetable garden, which is enclosed by a low sandstone wall with the original wrought-iron railings on it, leads up to the front of the house. The beautiful storehouse with its encircling balcony is located in the original position relative to the house. In the particular manner of the eighteenth century the craftsmen erected an excellent and well-balanced plank and post structure here.

39

40

39
In der Küche
Dans la cuisine
In the kitchen

40
Speicher von Ostermundigen
Grenier d'Ostermundigen
Storehouse from Ostermundigen

42
Kammer
Chambre
A bedroom

41

42

43
Weberin
Tisserande
A woman weaving

44/45
Arbeit mit dem Schiffli
Broderie au métier à navette
Work for a shuttle

44

Textile Handwerke

D Faserpflanzen, wie Flachs, oder tierische Fasern, wie Wolle, erlauben es dem Menschen, Gewebe herzustellen. Im Haus von Ostermundigen und im Stöckli von Detligen werden verschiedene Möglichkeiten gezeigt, solche Gewebe herzustellen.

Überall auf der Welt werden Stoffe gewoben. Man kann dies mit ganz einfachen Mitteln tun oder wie im Stöckli von Detligen mit einem Webstuhl. Ein in seinen ältesten Teilen auf etwa 1790 zurückgehender Webstuhl steht übrigens in einer Kammer im Haus von Madiswil. Die Weberin kann mit den Füssen durch Pedale die Schäfte heben oder senken, so verkreuzt man Kette und Schuss (Eintrag) zu einem festen Gewebe. Je nachdem, ob man Garne verschiedener Farben benützt, kann man entsprechende Muster erzeugen. Unsere Weberinnen weben gewöhnlich Muster, wie sie früher im Haslital üblich waren.

Das Weben setzt einen technisch ausgeklügelten Webstuhl voraus. Mit we-

46/47

Klöpplerin an der Arbeit

Dentellière au travail

A lacemaker at work

48

Herstellen von Netzwerk

Fabrication de dentelles

Making netting

niger und einfacheren Einrichtungen, Holzgewichten, einer gepolsterten Unterlage oder einem Kissen und Stecknadeln arbeitet die Klöpplerin. Auf einer Vorlage, die man zum Stecken der Nadeln braucht, werden durch rasches Verflechten der Fäden bestimmte Muster hergestellt. Mit flinken Fingern und einem kleinen Schiffchen, auf dem der Faden aufgewickelt ist, erzeugt man reizvolle Schiffchenarbeiten (Frivolité), während man beim Filieren mit einer mehr oder weniger grossen Nadel und geschicktem Verschlingen bestimmte Knoten erzeugt, so dass ein Netzwerk entsteht.

Métiers du textile

F Les plantes textiles, comme le lin, ou les fibres animales telles que la laine permettent à l'homme de produire des tissus. Divers moyens d'y parvenir sont présentés dans la maison d'Ostermundigen et dans le «Stöckli» de Detligen.

On tisse partout dans le monde. On peut utiliser des moyens très simples, ou bien, comme dans le «Stöckli» de Detligen, un métier à tisser. Un métier dont les éléments les plus anciens remontent à environ 1790 se trouve par ailleurs dans une chambre de la maison de Madiswil. En agissant sur des pédales, la tisserande lève et abaisse les lames, croisant ainsi chaîne et trame pour former un tissu stable. Elle peut réaliser toutes sortes de motifs en utilisant des fils de différentes couleurs. Nos tisserandes font généralement des motifs du Haslital.

Le tissage demande un métier techniquement perfectionné. C'est avec des moyens plus modestes – poids en bois, surface rembourrée ou coussin et épingles – que travaille la dentellière. Sur un modèle utilisé pour placer les épingles, elle entrelace rapidement des fils et produit ainsi des motifs déterminés. Avec des doigts agiles et une petite navette sur laquelle le fil est enroulé, elle réalise de charmantes broderies appelées frivolités; tandis que le filage consiste à utiliser une aiguille plus ou moins grosse pour faire habilement certains nœuds aboutissant à une autre forme de broderie.

Textile Handicrafts

E Fibrous plants such as flax, or animal fibres such as wool, enable man to produce woven fabrics. In the house from Ostermundigen and in the retired farmer's house from Detligen different ways of making cloth are shown.

All over the world fabrics are woven. This can be done with very simple means or on a loom, as in the retired farmer's house from Detligen. By the way, a loom is standing in a bedroom in the house from Madiswil whose oldest parts date back to about 1790. The weaver operates footpedals which raise and lower the shafts thus crossing warp and woof (weft) to give a firm fabric. If yarn of different colours is used corresponding pattern can be produced. Our weavers mostly weave patterns of the kind usually found in the Haslital. Weaving calls for a technically sophisticated loom. Less advanced and more simple equipment, wooden weights, a padded base or pillow and pins are used by lacemakers. The pins are stuck in a design and then by interweaving the threads a certain pattern is created. With nimble fingers and using a small shuttle charming tatting (filigrane lace) is made whereas for netting more or less large needles and skilful entwining of the thread is used to produce knots so that a network results.

Ein Haus wandert ins Freilichtmuseum

D Im Freilichtmuseum werden originale Häuser aufgestellt. Selbstverständlich kann man sie nicht einfach abbrechen, vielmehr müssen sie sorgfältig abgebaut werden, damit möglichst viel der ursprünglichen Substanz erhalten bleibt. Meist gehen einem Abbau langwierige Verhandlungen voraus, denn ein Haus kann erst übernommen werden, wenn eine Erhaltung an Ort und Stelle nicht möglich ist, alle Bedingungen mit den Eigentümern geklärt und die notwendigen finanziellen Mittel vorhanden sind. Genaue Planaufnahmen, die man für den Eintrag der einzelnen numerierten Balken und Bauteile sowie den Wiederaufbau benötigt und eine eingehende photographische Dokumentation sowie die Abklärung der Besitzergeschichte, der wirtschaftlichen Verhältnisse und vieler anderer Einzelheiten geben ein möglichst genaues Bild des Objektes. Soweit notwendig, werden Restaurierungen und der Ersatz von nicht mehr verwendbaren Bauteilen mit grösster Vorsicht vorgenommen. Die Konservierung der Holzteile verhindert später Fäulnis und Insektenfrass.

Beim Wiederaufbau sind Maschinen für den Aushub der Baugrube und ein Kran zum Heben der Lasten die einzigen maschinellen Hilfsmittel. Der allergrösste Teil der Arbeiten ist Handwerk, das entsprechend den überlieferten Konstruktionen ausgeübt wird. So legt man beispielsweise zwischen die leicht ausgehobelten Balken der Wand wie in früheren Zeiten Moos als isolierende und dichtende Zwischenlage. Bis ein Haus für die Besucher geöffnet werden kann, braucht es viel Arbeit und manch eingehend besprochenen Entscheid.

Le transfert d'une maison au Musée en plein air

F Les maisons érigées au Musée en plein air sont authentiques. Il va de soi qu'on ne peut pas simplement les démolir pour les transférer. Il faut, au contraire, les démonter avec soin pour conserver tout ce qu'on peut de la substance originale. Et cette opération est généralement précédée de laborieuses négociations, car le Musée ne prendra une maison que si sa conservation sur place est impossible, après s'être entendu sur toutes les conditions avec les propriétaires et lorsque les moyens financiers nécessaires sont disponibles. Pour se faire une idée aussi précise que possible de l'objet, on fait une levée des plans sur lesquels viendront s'inscrire les poutres et autres éléments numérotés et qui serviront à la reconstruction, on élabore une documentation photographique complète, on étudie l'histoire des propriétaires et les conditions économiques liées à l'exploitation du domaine ainsi que de nombreux autres détails. En cas de besoin, les travaux de restauration et de remplacement des éléments devenus inutilisables se font avec le plus grand soin. Les parties en bois sont traitées pour prévenir pourriture et dégâts dus aux insectes.

Des excavateurs pour faire la fouille et une grue pour déplacer les charges sont les seules machines utilisées lors de la reconstruction. L'essentiel du travail est manuel et adapté aux particularités du bâtiment pris en charge. C'est ainsi, par exemple, que l'on met de la mousse comme étoupe isolante entre les poutres de la paroi légèrement rabotées. Beaucoup de décisions discutées en détail et un travail considérable doivent avoir été accomplis avant qu'une maison puisse être ouverte au public.

49

So sah das Haus in Ostermundigen aus.

La maison telle qu'elle était à Ostermundigen.

The house as it stood in Ostermundigen.

A House comes to the Open-Air Museum

E Original houses are rebuilt in the open-air museum. Obviously, they cannot be simply torn down beforehand, but must be taken apart carefully to ensure that as much as possible of the original substance is retained. Generally, lengthy negotiations precede the relocation because a house cannot be taken over until all conditions have been clarified with the owners and the necessary financial resources are available, if it cannot be kept where it stands. Accurate plan-view photos required for entry of the separately numbered beams and structural components as well as for the rebuilding work, a comprehensive photo report and research into the owners' history, the business they went about and many other details give a picture of the building that is as accurate as possible. If necessary, restoration work and the replacement of missing structural components are carried out with the greatest care. Wooden parts are impregnated to prevent later decay and attack by insects.

The only mechanical aids used to re-erect the buildings are machines to excavate the building pit and a crane to lift heavy parts. By far the greater part of the work is done by hand and it is carried out in the way that has been handed down through time. Thus, for example, moss is laid between the slightly planed beams of the wall, as in earlier times, as an insulating and sealing lining. A lot of work has to be done and many decisions taken, that have been discussed in full, before a house can be opened to visitors.

50

Abbau des Wirtschaftsteils

Démontage du rural

Taking apart the farming section

51
Balken werden sortiert und numeriert.
Les poutres sont triées et numérotées.
Beams are sorted and numbered.

52
Abbau des Mauerteils
Démontage de la maçonnerie
Removal of the masonry part

53
Im Aufbau werden Sandsteinblöcke auf Betonfundamente gesetzt.

Lors de la reconstruction, on place des blocs de molasse sur la fondation en béton.

During reconstruction sandstone blocks are placed on a concrete foundation.

54 

 55

54

Balkenwand mit Moos-Zwischenlage

Paroi de poutres avec couche intermédiaire de mousse

A beam wall with moss lining

55

Das Haus ist wieder aufgerichtet.

La maison reconstruite

The house has been rebuilt.

56 

 57

57

Die restaurierten Laubenbretter werden eingesetzt.

Les planches de galerie restaurées sont mises en place.

The restored balcony trimming is put in place.

56

Das Haus mit der ursprünglich grauen Bemalung

La maison a retrouvé sa peinture grise de l'origine.

The house painted in the original grey

Stöckli von Detligen BE

D Generationenprobleme haben sich schon früher gestellt, nicht erst heute. Im Berner Mittelland fand man auf den grossen Bauernhöfen seit dem 17. Jahrhundert eine sehr gute Lösung. Wenn der Altbauer den Hof seinem erbberechtigten Sohn übergab, siedelten er und seine Frau in ein meist kleines Wohnhaus über. Gewöhnlich enthielt es eine Küche und eine Stube im Erdgeschoss, eine Schlafkammer im Obergeschoss. Ein Keller diente auch hier der Lagerung von Vorräten.

Das Stöckli, also eigentlich das Altenwohnhaus, stand stets in der Nähe des Haupthauses. So war man nahe genug, um zu sehen, was vorging, aber doch so weit weg, dass man sich nicht ständig in die Töpfe gucken konnte. Wenn Not am Mann war, halfen die Eltern ihren Kindern gerne in Feld und Stall, solange ihre Kräfte dies erlaubten. Anderseits konnte man die Eltern pflegen, wenn's nötig war. Sicher sorgte auch die stets wachsende Schar der Enkel für eine enge Verbindung und liess bei den Grosseltern nie das Gefühl aufkommen, sie seien zu nichts mehr nütze.

Damit die Eltern versorgt waren, wurde bei der Teilung genau vereinbart, was – ausser dem lebenslangen Wohnrecht – der Sohn zu liefern hatte: Fleisch und Speck, Korn und Roggen, Milch und Butter, Eier sowie allerhand Obst, verschiedene Gemüse und Kartoffeln, «was er zu seinem Gebrauch nötig hat», hiess es oft in den Urkunden.

«Stöckli» de Detligen BE

F Les problèmes de générations ne sont pas d'aujourd'hui. Dans le Mitteland bernois, on a trouvé dans les grandes fermes une très bonne formule qui date du XVIIe siècle. Lorsque le vieux paysan remettait l'exploitation à son fils successible, il allait s'établir avec son épouse dans une habitation généralement petite. Celle-ci contenait d'habitude une cuisine et une salle de séjour au rez-de-chaussée, une chambre à coucher au premier. Une cave servait là aussi au stockage des provisions.

Le «Stöckli» – en somme une «maison des vieux» – était toujours à proximité de la ferme principale. On se trouvait

donc assez près pour savoir ce qui se passait, mais pas au point de se marcher constamment sur les pieds. En cas de besoin, les parents aidaient volontiers leurs enfants aux champs et à l'étable, dans la mesure de leurs forces. Par ailleurs, on pouvait soigner ses parents le moment venu. Et certainement que les petits-enfants toujours plus nombreux favorisaient l'entretien des contacts et prévenaient chez les grands-parents le sentiment de n'être plus bons à rien.

Pour la sécurité des parents qui se retiraient, le partage définissait avec précision ce qui – en plus du droit de résidence à vie – devait être fourni par le fils: viande et lard, froment et seigle, lait et beurre, œufs, ainsi que toutes sortes de fruits, divers légumes et des pommes de terre, «ce dont il a besoin pour son usage» pouvait-on souvent lire dans ces documents.

Retired Farmer's House from Detligen BE

E Generation problems even arose in olden times, not only today. On the large farmsteads in the Bernese Mittelland a very good solution was found in the seventeenth century. When the retiring farmer handed over the farm to his heir, he and his wife moved into another house that was generally smaller and only to live in. Usually, it had a kitchen and a living room on the ground floor, a bedroom on the top floor and, below, a cellar to store provisions.

The retired farmer's house, actually the parents' dwelling, always stood in the vicinity of the farmhouse. The parents were thus always close enough to see what was going on, but far enough away, nonetheless so as not to keep looking over the heir's shoulder. In hard times the parents helped their children in the fields and stalls as long as they were strong enough. Vice versa, the children could care for the parents if it became necessary. The ever increasing number of grandchildren also maintained strong ties and never let the grandparents feel they were no longer good for nothing.

To ensure the parents were never in want an exact settlement was agreed on when the son took over his inheritance as to what, apart from the life-long right to live on the farm, the son had to supply such as meat and bacon, corn and rye, milk and butter, eggs as well as all kinds of fruit, different vegetables and potatoes or, as often stood in the documents 'what he may need for his use'.

59

59

Der Bäcker braucht viel Holz.

Le boulanger utilise beaucoup de bois.

A baker needs a lot of wood.

60

60

Stöckli und Speicher

«Stöckli» et grenier

Retired farmer's house and storehouse

61

Der Webstuhl im Stöckli

Métier à tisser dans le «Stöckli»

The loom in the retired farmer's house

Unser täglich Brot

D Brot gibt es schon seit Jahrtausenden. In vielen Gebieten unseres Landes war aber noch bis in die neuere Zeit Brot eine Festtagsspeise. An Werktagen ass man «Mus», Gersten- oder Haferbrei und in Viehzuchtgebieten die Milchspeisen. Als aber Brot zur wichtigsten Speise wurde, entwickelten sich zahlreiche, regional verschiedene Brotformen und Gebäcke.

Im Stöckli von Detligen ist ein Backofen von 1879 eingebaut, in dem an mehreren Tagen ein einfaches, aber bekömmliches Brot gebacken wird. Lange vor der Öffnung des Museums wird am frühen Morgen der kuppelförmige Backofen mit Holz angeheizt, damit die Ofensteine eine gleichmässige Wärme ausstrahlen. Unterdessen hat der Bäkker die Laibe geknetet und geformt und schiesst sie mit Hilfe der Brotschaufel mit kräftigem Ruck und wohlgezielt in den heissen, mittels Krucke und nassem Lappen gereinigten Ofen. Schon bald entströmt dem Ofen ein wunderbarer Duft; das knusperige Brot wird herausgeholt, und begierig warten die Besucher, bis es verkauft wird.

Notre pain quotidien

F Le pain existe depuis des millénaires. Mais, dans beaucoup de régions de notre pays, le pain était un aliment de fête jusqu'à une époque récente. Les jours ouvrables on mangeait du «Mus», une bouillie d'orge ou d'avoine et, dans les régions d'élevage, des laitages. Mais lorsque le pain est devenu une nourriture essentielle, de nombreuses formes régionales de pain et de gâteaux ont vu le jour.

Dans le «Stöckli» de Detligen se trouve un four de 1879 dans lequel on cuit régulièrement un pain simple, mais sain. Tôt le matin, longtemps avant l'ouverture du Musée, on chauffe au

62
Das Feuer im Ofen brennt.
Le feu en train de chauffer le four.
The oven fire is burning.

63
Brotlaibe
Miches de pain
Loaves of bread

64
Der Bäcker schiesst die Brote ein.
Le boulanger enfourne.
The baker shoves in a batch of bread.

bois le four à coupole de façon que ses briques dégagent une chaleur régulière. Entre temps, le boulanger a pétri la pâte et formé les miches, qu'il envoie avec sa palette d'un mouvement sec et précis dans le four chaud, préalablement nettoyé au moyen d'un racloir et d'un chiffon humide. Un parfum merveilleux s'échappe bientôt du four; le pain croustillant est défourné – et les visiteurs attendent avec convoitise de pouvoir l'acheter.

oven is heated by a wood fire so that the baking stones radiate a constant heat. In the meantime the baker has kneaded and formed the loaves and shoved a batch into the hot oven with a strong and well-aimed thrust of his baker's peel. (The oven is cleaned before, using a crook and a wet cloth.) Soon after a wonderful aroma wafts from the oven, the crusty bread is taken out and visitors wait eagerly until it is sold.

Our Daily Bread

E There has been bread for thousands of years. Up till more recent times, however, bread was still something eaten only on festivals in many parts of our country. On work days porridge-like dishes were eaten, made from barley or oats, or the milk dishes in cattle raising areas. As bread became the base food, however, numerous, regionally different forms of bread and baking developed.

A baking oven dating from 1879 is built in the retired farmer's house from Detligen in which simple but wholesome bread is baked on several days. Long before the museum opens, early in the morning, the dome-shaped

65
Knuspriges Brot
Du pain croustillant
Crusty bread

Taglöhnerhaus von Detligen BE

D An den mit Bäumen bestandenen Abhang, in einem schattigen Winkel der Baugruppe Berner Mittelland, duckt sich das kleine Taglöhnerhaus. Auch in den Dörfern des Mittellandes standen die Taglöhner- oder «Taunerhäuser», wie sie etwa genannt wurden, am Rande der Siedlungen oder auf schlechteren Bauplätzen. Der Taglöhner galt wenig; er besass kein Ansehen und musste sich oft mit allerhand Nebenerwerb kümmerlich durchbringen.

So ist auch sein Haus bescheiden. Wieder begegnen wir dem Hochstudständerbau, ähnlich wie im Haus von Madiswil. Aber hier ist alles einfacher; nur zwei Hochstüde tragen den Firstbalken. Um Holz zu sparen, sind die Gefache mit Lehm verstrichenem Flechtwerk aus Haselruten ausgefüllt. Ein solches altes Gefach wurde sorgfältig herausgelöst und wieder eingesetzt; die übrigen sind rekonstruiert. Der Wohnteil reicht für eine vielköpfige Familie, aber die Küche ist sehr eng. Nur eine einfache Feuerstelle diente dem Kochen; der Rauch stieg in die tannenförmig gewölbte «Hurd» aus lehmverstrichenem Flechtwerk, kühlte sich dort ab und strich unter dem Rand hinaus in den Dachraum. Das häusliche Leben spielte sich vorwiegend im Wohngeschoss ab. Zwar gibt es auch Kammern im oberen Geschoss, aber das waren zumeist Abstell- oder Lagerräume. «Sind die Leute früher so klein gewesen?» so fragen sich viele Besucher, wenn sie den Kopf am Türbalken angestossen haben. Etwas kleiner waren sie schon; aber die Raumhöhe war vielmehr abhängig von den wirtschaftlichen Möglichkeiten. Wer mehr Geld zur Verfügung hatte, konnte höher bauen. Aber dem armen Taglöhner ging es ja nicht darum, ein repräsentierendes Haus zu haben, sondern eine Unterkunft für seine Familie. Niedrige Räume waren leichter warm zu halten, und der Ofen verschlang weniger Holz.

Der kleine Wirtschaftsteil mit einem schmalen Tenn und zwei winzigen Ställen beweist schon, dass der Taglöhner wenig Land besass; meist war es gar nur der Krautgarten, in welchem die Frau das Gemüse für den eigenen Bedarf pflanzte. Neben der Arbeit auf dem Hof eines Bauern, die sehr unregelmässig war und den Unterhalt der Familie nicht sicherte, bestellten die Taglöhner ihr kleines Gut und übten zusätzlich die verschiedensten Handwerke aus. Sie machten Rechen, Gabeln, Holzschuhe oder bohrten hölzerne Wasserröhren und ähnliches. Der letzte Bewohner dieses 1760 erbauten Hauses war Korbflechter. Es ist naheliegend, dass auch im Museum hier ein Korbflechter arbeitet und sein Handwerk vorführt.

66

66

Taglöhnerhaus

La maison du journalier

A day-labourer's house

67

Alte Gefachfüllung: Flechtwerk und Lehm

Remplissage d'une parois à colombages: tressage de baguettes enrobé de torchis

An old infill of mud and wattle

68

Wohnteil in Fachwerk

Partie logement construite avec des colombages

Living quarters constructed with timber frames

Maison du journalier de Detligen BE

C'est sur une pente parsemée d'arbres, dans un coin ombragé du groupe architectural Mittelland bernois, que se niche la petite maison du journalier. Dans les villages, ces petites demeures («Taunerhaus») se trouvaient aussi en bordure de l'agglomération ou sur des terrains peu favorables. Le journalier n'était guère considéré; il était souvent réduit à gagner péniblement sa vie avec les petits travaux qui se présentaient.

Sa maison est donc modeste. On retrouve là une construction à poteaux de faîte, comme dans la maison de Madiswil. Mais ici tout est plus simple; il n'y a que deux poteaux pour soutenir la panne de faîte. Pour économiser le bois, les compartiments des parois à colombages sont garnis d'un tressage de tiges de noisetier recouvert de terre glaise. On a soigneusement détaché et remis en place un de ces remplissages d'origine; les autres ont été refaits. Le logement peut abriter une famille nombreuse, mais la cuisine est exiguë. Un simple foyer servait à la cuisson; la fumée montait dans la hotte cintrée formée d'un entrelacs de baguettes recouvert d'argile, et la fumée refroidie passait sous le bord de la hotte et montait dans les combles. La vie du ménage se déroulait essentiellement au rez-de-chaussée. Il y a bien des chambres au premier, mais qui servaient surtout à entreposer des ustensiles ou des provisions. «Les gens étaient-ils si petits autrefois?» se demandent beaucoup de visiteurs lorsqu'ils se sont heurtés la tête contre le dessus de porte; un peu, effectivement, mais la hauteur des pièces dépendait surtout des possibilités économiques. Les riches pouvaient construire plus haut. Le pauvre journalier, lui, ne se souciait pas de prestige. Il lui fallait un abri pour sa famille. Des salles basses étaient plus faciles à garder chaudes et le fourneau engloutissait moins de bois.

Avec son aire étroite et ses deux minuscules étables, le petit rural montre bien que le journalier possédait peu de terre; cela se limitait en général au potager dans lequel sa femme cultivait les légumes destinés à leur propre usage. Les journaliers travaillaient sur le domaine d'un paysan – occupation très irrégulière qui ne suffisait pas à nourrir une famille –, cultivaient leur maigre surface et exerçaient en plus toutes sortes de métiers. Ils fabriquaient râteaux, fourches, sabots en bois ou perçaient des tuyaux d'eau en bois et autres travaux analogues. Le dernier occupant de cette maison construite en 1760 était vannier. Il était donc logique que dans le Musée également, ce soit un vannier qui y travaille et démontre sa technique.

Day-labourer's House from Detligen BE

Tucked away on the slope dotted with trees in a shady corner of the Bernese Mittelland architectural unit is the small day-labourer's house. In the villages of the Mittelland, too, day-labourer's houses were situated at the edges of communities or on inferior building sites. A day-labourer did not count as much, he was nobody and often had to scrape through on all kinds of side earnings.

69

Werkstatt des Korbflechters

L'atelier du vannier

A basket weaver's workroom

70

Blick in die Stube

Vue de la salle de séjour

View in the living room

His house is therefore also modest. Again, we are confronted with the high post (stud) and beam construction similar to that of the house from Madiswil. Here, though, everything is much simpler—only two uprights (poles) support the ridge beam. To save wood the infills between the woodwork are of daub and wattle—woven hazel canes coated with clay or mud. An old infill of this kind was carefully separated and put in the rebuilt house again—the others are imitation. The living quarters suffice for a large family, but the kitchen is very small. There is only a simple hearth for cooking. The smoke rises into an arched 'hood' made of mud and wattle, cools in it and drifts under its edge into the attic. Family life centered around the ground level. Although there were rooms on the top floor, they were used mostly for storing and keeping things. 'Were people so small earlier?' ask so many visitors after knocking their heads on the door lintel. They were, in fact, a little smaller. Then

71

again, the height of a room was more dependent on financial means. If you had more money, you could build higher. In no way was a poor day-labourer worried about having a showy house but only about somewhere for his family to live. Low rooms were easier to keep warm and the oven needed less wood, too.

Proof that a day-labourer owned very little land is given by the small farming section with the small barn or threshroom and two tiny stalls. Generally, he only had a vegetable garden where his wife grew vegetables for their own needs. Apart from working on a farm, which was very irregular and did not ensure the upkeep of the family, the day-labourer cultivated his own small plot of land and practised various other crafts as well. He made rakes, forks and clogs or bored-out wooden waterpipes and the like. The last person to live in this house built in 1760 was a basket weaver. It goes without saying, that a basket weaver also works here in the museum and demonstrates his craft.

72

Korbflechter an der Arbeit

Le vannier au travail

A basket weaver at work

73

Im Brunnen eingelegte Ruten

Osiers mis à tremper dans la fontaine

Canes laid in water

74

Ein schönes Geflecht

Un bel entrelacs

An attractive weave

Flechten von Körben

D Das Flechten von Körben ist eine uralte Tätigkeit. Erstaunlicherweise hat sich aber in der Technik des Flechtens und in der gestalterischen Ausführung seit Jahrtausenden wenig geändert. Obschon das Flechten der Körbe scheinbar eine einfache Arbeit ist, verlangt dieses Handwerk verschiedene Fähigkeiten, und ein guter Korbflechter ist schon künstlerisch begabt. Der Korbflechter ist ein wirklicher Hand-Werker. Für ihn ist die eigene Hand ein wichtiges und vielseitiges Werkzeug.

Heute schätzt man geflochtene Körbe wieder vermehrt. Unser Korbflechter verfertigt vor den Augen der Besucher hübsche Körbe aus Weidenruten, die sorgfältig ausgewählt werden müssen. Früher zog der Korbflechter oftmals auf die Stör, um bei Bauern Körbe aller Art auszubessern oder neue zu flechten.

La vannerie

F Le tressage de paniers est une activité fort ancienne. Cependant, il est étonnant de constater que la technique et la forme des objets produits ont peu changé depuis des millénaires. Bien que simple en apparence, ce métier exige différentes capacités et un bon vannier possède des dons artistiques certains. Le vannier est avant toutes choses un manuel; il utilise ses mains comme un outil essentiel et polyvalent.

On note actuellement un regain d'intérêt pour la vannerie. Notre vannier fabrique sous les yeux des visiteurs de jolis paniers avec des baguettes d'osier soigneusement sélectionnées. Autrefois, le vannier faisait souvent la tournée des paysans pour réparer les paniers et corbeilles de tout genre et pour en tresser de nouveaux.

Basket Weaving

E Basket weaving has been done since ancient times. Surprisingly, however, little has changed in the technique of weaving or in the woven designs for thousands of years. Although basket weaving appears a simple craft at first sight it calls for considerable ability and good basket weaver has artistic talent. A basket weaver really is a handworker. For him, his hands are an important and universal tool.

Nowadays, woven baskets are enjoying greater appreciation again. Our basket weaver makes attractive baskets of carefully selected willow cane before the eyes of the visitors. In earlier times basket weavers often went to their customers' houses to repair or weave baskets of all kinds, on the spot, in the farmer's house.

Scheune von Faulensee BE

D Als Abraham von Graffenried die Scheune um 1702 erbauen liess (eine Inschrift bezeugt dies), tat er es, um die weiter vom Hof abgelegenen Wiesen besser nutzen zu können. Wegen des Baus der Nationalstrasse musste diese Scheune entfernt werden.

Der Unterbau enthält einen grossen Doppelstall für Rinder und ist aus solidem Bruchsteinmauerwerk gebaut. Tuffsteine bilden die Umrahmung von Luftschlitzen und Türe. Auf der Bergseite kann man ebenerdig in den grossen Scheunenraum gelangen, der umwandet ist von einer ausgeklügelten Ständerkonstruktion mit etwa 14 cm dicken Kanthölzern («Flecken»), getrennt durch grössere Zwischenräume. Durch diese lockere Wand kann der Wind von allen Seiten durchstreichen, das Heu trockenhalten und so die gefürchtete Selbstentzündung verhindern.

75

Scheune von Faulensee

Grange de Faulensee

Barn from Faulensee

Grange de Faulensee BE

F Abraham de Graffenried a fait construire cette grange en 1702 (une inscription en témoigne) pour exploiter plus facilement les prés éloignés de sa ferme. Cette grange devait disparaître pour céder la place à une nouvelle autoroute.

L'étage inférieur, construit en moellons massifs, contient une double étable destinée au gros bétail. Les encadrements de la porte et des ouvertures d'aération sont en tuf. Côté montagne, on accède de plain-pied à la grange de bonne dimension, dont les parois en madriers de 14 cm d'épaisseur se caractérisent par des ouvertures assez larges entre chaque élément. Ces parois ajourées assurent une bonne ventilation sur toutes les faces et préviennent une inflammation spontanée toujours à craindre.

Barn from Faulensee BE

E When Abraham von Graffenried had this barn built around 1702 (as proven by an epigraph) he did so to be able to benefit more from meadows farther away from the farmstead. In our times it had to be removed to make way for one of our national highways.

The base of the building contains large twin stalls for cattle. It is made of solid quarry stone masonry. Tuff limestone was used around the air vents and doors. The large hay loft can be entered directly, at ground level, on the slope side of the building. This wooden part of the barn has a sophisticated design using posts (studs) of approx. 14 cm thick square-cut timbers that have wide gaps between them allowing the wind to pass through the 'open wall', keeping the hay dry and thus avoiding the dreaded spontaneous combustion.

76

Dörren, Räuchern und Konservieren

Sécher, fumer et conserver

Drying, Smoking and Preserving

D Wie war das doch, bevor man Kühlschränke, Tiefkühltruhen und vakuumverpackte Nahrungsmittel hatte? Heute kann man Fleisch ohne grosse Vorbereitung monatelang aufbewahren; man kann Früchte, Obst und Gemüse zu jeder Jahreszeit im Laden kaufen. Aber früher? Frische Nahrungsmittel verderben meistens schnell, so dass es schon in frühesten Zeiten wichtig war, Speisen, die man an einem Tag im Überfluss hatte, für Notzeiten aufzubewahren und zu konservieren. So war jede gute Hausfrau stolz darauf, für ihre Familie vorzusorgen, damit im harten Winter und vor allem im langen Brachmonat (Juni), wo die alten Vorräte fast aufgezehrt und das frische Gemüse noch nicht reif waren, etwas zum Essen vorhanden war.

Mit den verschiedensten Methoden versucht man daher nach der Ernte oder der «Metzgete» einen Teil der anfallenden Nahrungsmittel zu konservieren. Im Freilichtmuseum kann man einige dieser Möglichkeiten sehen, jedoch längst nicht alle!

Selbstverständlich ist das Trocknen und Dörren an der frischen Luft die einfachste Art der Konservierung. Man hängt an Schnüren aufgereihte süsse und saure Äpfel- oder Birnenschnitze und gebündelte Zwiebeln an die Hauswand oder auf die Lauben der Speicher; man legt Kirschen, Zwetschgen, grüne Bohnen und allerhand Teekräuter auf Dörrbretter am Haus. Der intensiven Sonnenbestrahlung und dem Wind ausgesetzt, verlieren sie bald die überschüssige Feuchtigkeit und können in Schnitztröge oder Büchsen versorgt werden. Mancherorts werden besondere *Dörrhäuser,* wie jenes *von Brienzwiler,* erbaut. Der Dörrofen wird vorgeheizt, und anschliessend werden Früchte oder Schnitze hineingelegt. So konnte man rasch und zuverlässig dörren, auch wenn das Wetter nicht so gut war. Nicht selten benützte man auch Backöfen zum Dörren oder hatte einen separaten Dörrofen neben dem Backofen, wie im *Ofenhaus von Oberwangen.* Die Getreidekörner, an und für sich wenig Feuchtigkeit enthaltend, müssen nicht besonders getrocknet werden. Nach dem Dreschen in der Tenne wird das Korn gereinigt und im Speicher in grosse Abteile der Kornkästen geschüttet. Wo weniger Korn vorhanden war, schüttete man die Körner im Wohnhaus auf den Dachboden («Schütti»), hier endete der Kamin und entliess den Rauch frei in den Dachraum, wo er

77

Zwiebeln, zum Trocknen aufgehängt (Speicher von Kiesen)

Oignons suspendus pour être séchés (grenier de Kiesen)

Onions, hung up to dry (storehouse from Kiesen)

78

Dörrbrett am Haus von Matten

Planche de séchage de la maison de Matten

Drying rack against the house from Matten

79

Kornkästen im Speicher von Ostermundigen

Caisses à céréales dans le grenier d'Ostermundigen

Corn bins in the storehouse from Ostermundigen

seine trocknende und konservierende Wirkung tat *(Haus von Wila)*. Er streicht an den Räucherstangen vorbei, an denen Würste, Speck und Schinken hängen. Nach einigen Wochen, während denen man das Fleisch immer wieder anderswo aufhängt, damit der Rauch nicht einseitig wirkt, kann man die geräucherten Stücke in eine trockene Kammer des Speichers tragen *(Haus von Madiswil)*.

Dieselben Eigenschaften des aus dem Küchenherd aufsteigenden bläulichen Rauches nützt man aus, um Fleisch haltbar zu machen.

Nur andeuten können wir weitere Möglichkeiten der Konservierung. Birnen und Äpfel werden ausgepresst, eine Mostpresse steht im *Haus von Üsslingen*. Der Most in Fässern gelagert, auch wenn er sauer wird, ist noch ein bekömmliches Getränk. Vom Traubensaft, als Wein haltbar, wird beim *Haus von Richterswil* und bei der *Kelter von Schaffhausen* die Rede sein.

Die Hausfrau bereitete Sirup, kochte Beeren und Früchte ein, verfertigte Sauerkraut und konservierte vieles andere mehr. Nichts sollte verlorengehen, alles waren Gaben Gottes, zu denen man Sorge trug und die man für schwere Zeiten aufheben wollte.

80

Getreidekörner

Grains de céréales

Grain

F Comment faisait-on avant de connaître réfrigérateurs, congélateurs et aliments emballés sous vide? On peut aujourd'hui garder la viande des mois sans grandes préparations; on peut acheter fruits et légumes au magasin en toute saison. Mais autrefois?

Les aliments frais se gâtent en général vite; on a donc ressenti très tôt la nécessité de conserver les nourritures des moments d'abondance pour pouvoir en disposer en périodes de disette. C'était

81

Würste, Speck und Schinken im Haus von Madiswil

Saucisses, lard et jambons dans la maison de Madiswil

Sausages, hams and bacon in the house from Madiswil

ainsi la fierté de toute bonne ménagère de pourvoir aux besoins de sa famille, pour que celle-ci ait à manger durant l'hiver et surtout au cours du long mois de jachère (juin) lorsque les vieilles réserves étaient presque épuisées et les nouveaux légumes pas encore mûrs.

On utilise donc toutes sortes de méthodes, après avoir fait récolte ou boucherie, pour conserver une partie de la nourriture obtenue. Le Musée en plein air présente quelques-unes des possibilités offertes, mais pas toutes, tant s'en faut!

Il est évident qu'il n'y a pas de mode de conservation plus simple que le séchage à l'air. On suspend à des ficelles des morceaux de pommes ou de poires sucrées et acides ainsi que des bottes d'oignons contre le mur de la maison ou sur les galeries du grenier; on met cerises, pruneaux, haricots verts et toutes sortes de plantes à tisanes sur des planches près de la maison. Exposés au soleil

82

Krautstande und Mostflasche

Scillon à choucroute et bonbonne à cidre

Sauerkraut tub and cider bottle

83
Herstellen von Holunderlimonade
Fabrication de limonade de sureau
Making elderberry lemonade

et au vent, ces produits perdent bientôt leur humidité superflue et peuvent être mis de côté dans divers récipients. On construit parfois de véritables *séchoirs* tels que celui de *Brienzwiler*. Le four du séchoir est préalablement chauffé, puis on y met les fruits ou les morceaux découpés. C'était le moyen de sécher efficacement même par mauvais temps. Il n'était pas rare que l'on utilise également les fours à pain pour sécher, ou bien on avait un four à sécher fruits et légumes à côté du four à pain, comme dans le *fournil d'Oberwangen*. Les grains de céréales, qui contiennent peu d'humidité au départ, n'ont pas besoin d'être séchés. Après le battage sur l'aire, le grain est nettoyé et mis dans les grands compartiments des caisses à céréales. Aux endroits où il y avait moins de grain, on étalait celui-ci sur le plancher des combles («Schütti») de la maison d'habitation; la cheminée y aboutissait et la fumée pouvait exercer librement

son effet de séchage et de conservation *(maison de Wila)*. Elle enveloppe les barres de fumoir auxquelles pendent saucisses, lard et jambons. Après quelques semaines durant lesquelles on déplace régulièrement la viande pour que la fumée puisse agir sur toutes les faces, les pièces fumées sont portées dans un local sec du grenier *(maison de Madiswil)*.

On utilise les mêmes propriétés de la fumée bleuâtre qui monte du foyer de la cuisine pour conserver la viande.

Nous ne pouvons qu'effleurer ici d'autres moyens de conservation. On presse les pommes et les poires – un pressoir à cidre se trouve dans la *maison d'Uesslingen*. Même acide, le cidre en tonneau est une boisson saine. Quant au jus de raison conservé sous forme de vin, nous en parlerons à propos de la *maison de Richterswil* et du *pressoir de Schaffhouse*.

La ménagère préparait du sirop, faisait des conserves de baies et de fruits, fabriquait de la choucroute et conservait bien d'autres aliments encore. Rien ne devait se perdre, tout était un don de Dieu que l'on mettait soigneusement de côté en prévision de temps difficiles.

84

Wein- und Mostfässer im Haus von Richterswil

Tonneaux de vin et de cidre dans la maison de Richterswil

Wine and cider barrels in the house from Richterswil

E What was it like before there were refrigerators, deep freezers and vacuum-packed food? Nowadays, meat can be kept for months without any great preparation and fruit or vegetables can be bought in a shop at any time of the year. But what did people do in the old days?

Fresh food soon goes bad so even in very early times it was important to store and preserve for hard times food that was in abundance at the time. Thus, every good housewife was proud to provide for the future to ensure something to eat would be available in hard winters or, above all, in the lean month (june) when the long-kept provisions were almost depleted and new crops were not yet ripe for harvesting.

Consequently, most diverse methods were used in an attempt to preserve part of the food after harvesting or slaughtering. Some of these methods, though by far not all, can be seen in the open-air museum. It goes without saying, drying and dehydrating in the fresh air was the simplest form of food preservation. Rows of slices of eating and baking apples or pears on strings and bunches of onions were hung on house walls or balconies of storehouses; cherries, plums, French beans and all kinds of herbs were laid on drying racks against houses. Exposed to the sun's rays and the wind, they soon gave up surplus moisture and could then be conserved in troughs or cans. In many places special *drying houses* were built, like the one from *Brienzwiler*. The kiln (drying oven) was preheated and whole fruit or slices placed in it. In this way drying or dehydrating could be carried out quickly and reliably even if the weather was not good. It was also not unusual for baking ovens to be used for drying or for a separate kiln to be next to the baking oven, as in the *kiln house from Oberwangen*. Grain, which, as such, contains little moisture, did not need to be specially dried. After threshing in the threshroom, the corn was cleaned and filled into corn bins in a large section of the storehouse. People with less grain poured it on the attic floor in their house where the chimney ended. They let the smoke enter the attic where it did its drying and preserving job *(house from Wila)*. It also wafted around skewers on which sausages, hams and bacon were hung. After several weeks, during which this meat was repeatedly repositioned to make sure the smoke's effect was not one-sided, the smoked pieces were taken to a dry room in the storehouse *(house from Madiswil)*. The same properties of the blue smoke issued by the kitchen range were also used to preserve other meat.

Other ways and means of preserving and conserving can only be mentioned. Apples and pears were pressed and a cider press is in the *house from Uesslingen*. This rough cider was kept in barrels and, even if it turned sour, was still a wholesome drink. In the chapters about the *house from Richterswil* and the *vintager's house from Schaffhausen* we shall speak about grape juice, that can be kept as wine.

Housewives made syrup, bottled berries and fruit, prepared sauerkraut and preserved many other things. Nothing should be wasted, everything was sent from Heaven to be cared for and to be kept for hard times.

85

Baugruppe Ländliches Gewerbe
Groupe architectural Artisanat campagnard
Architectural Unit – Rural Trades and Crafts

D Bereits ein kurzer Gang durch verschiedene Häuser des Freilichtmuseums Ballenberg zeigt, wie wichtig Handwerke und Gewerbe in früherer Zeit waren. Nicht umsonst kennt jedermann das Sprichtwort: «Handwerk hat goldenen Boden» – obwohl heute viel von seinem Glanz abgeblättert ist!

Im späten Mittelalter und noch in der beginnenden Neuzeit versorgte man sich weitgehend nicht nur mit dem Lebensnotwendigen, sondern stellte auch die allermeisten Produkte selbst her. Daher waren überall zahlreiche Mühlen, Ölen, Stampfen, Pressen, Walken und ähnliche Einrichtungen vorhanden. Gewöhnlich standen sie nahe bei einer Siedlung, nützten die vorhandene Wasserkraft in geschickter Weise aus und gaben gleichzeitig den Grundherren die Möglichkeit, finanziellen Gewinn aus der Verleihung des Rechtes zu ziehen, ein Gewerbe auszuüben.

Genauso wie bei den übrigen Handwerkern konnte der Eigentümer eines solchen Gewerbes nicht allein von seinem Ertrag leben. Er betrieb daneben eine mehr oder weniger grosse Landwirtschaft. Für die Ausübung dieser ländlichen Gewerbe waren teilweise besondere Gebäude oder mindestens Einrichtungen nötig. Einige Beispiele davon müssen auch im Freilichtmuseum aufgestellt werden. Leider können nicht alle berücksichtigt werden; ihr Platz wäre in einem Museum für technische Kulturdenkmäler, wie sie in einzelnen andern Ländern bestehen.

86

Säge von Rafz

Scierie de Rafz

Sawmill from Rafz

F Il suffit de visiter brièvement quelques maisons du Musée en plein air de Ballenberg pour mesurer le rôle que jouaient autrefois l'artisanat et les métiers. On connaît le proverbe: «Il n'est si petit métier qui ne nourrisse son maître» – même s'il a, aujourd'hui, bien perdu de son prestige!

A la fin du Moyen-Age et au début des Temps Modernes, non seulement on se pourvoyait en produits de première nécessité, mais on fabriquait également presque tout soi-même. Cette autarcie se manifestait par une multitude de moulins, d'huileries, de broyeuses, de pressoirs, de fouleries et d'autres installations du même genre. Elles se trouvaient généralement à proximité d'une zone habitée, utilisaient judicieusement la force hydraulique disponible et fournissaient en même temps au propriétaire foncier la possibilité de monnayer l'octroi du droit d'exercer un métier.

Comme les autres artisans, les propriétaires de ces petites entreprises ne pouvaient pas en tirer des recettes suffisantes. Une exploitation agricole plus ou moins importante s'y rattachait. Pour exercer ces métiers, il fallait parfois des bâtiments spéciaux ou au moins des installations appropriées. Quelques exemples doivent en être présentés dans le Musée en plein air. Mais il ne sera malheureusement pas possible de les prendre tous en considération; leur place serait dans un musée consacré aux témoins de techniques révolues, comme il en existe dans d'autres pays.

E Just a quick glance through a few houses in the Ballenberg open-air museum shows how essential trades and crafts were in earlier times. The old German saying 'Know a trade, you are made' did not come from nothing, even though it has lost some meaning today.

In the late Middle Ages and still at the beginning of modern times people not only obtained the essentials of life themselves to a great extent, but also made most things themselves. That is why many mills, stampers, presses, fulling machines and similar equipment were to be found everywhere. Generally they were close by communities, utilized available water power skilfully and, at the same time, enabled landowners to profit from granting rights to people to practise trades.

Just like other handworkers, though, the owner of such equipment could not live from his earnings here alone. He farmed, in addition, on a more or less large scale. To some extent special buildings, or at least equipment, were needed for these rural trades and crafts to be carried out. Some examples of them must be displayed in the open-air museum, too. Unfortunately, consideration cannot be given to all of them. Their place would be in a technical museum, as exists in some other countries.

Säge von Rafz ZH

D Ein reizvoller kleiner, langgestreckter Ständerbau, bedeckt von einem flachen, leicht geschwungenen Walmdach, beherbergte früher eine Säge. Sie war schon lange verschwunden, ehe das Freilichtmuseum das Gebäude übernehmen konnte, das vermutlich 1841 erbaut worden war. Vorläufig dient es als Lagerplatz für Holz, denn hier hinein gehört eigentlich eine möglichst alte Säge, die noch gefunden wer-

87

Die verzahnten Pfetten

Les pannes en crémaillère

A beam showing the serrated-like joint

den muss. Besonders interessant ist die mächtige umlaufende Pfette. Aber halt, erst wenn man ganz genau hineinschaut, erkennt man, dass es sich auf der Längsseite nicht um einen Balken handelt, sondern dass die Pfette von einem weiteren in kunstvoller Weise mit ihm verzahnten Balken gestützt wird. Geschmiedete Winkeleisen verstärken die Ecken.

Scierie de Rafz ZH

F Construit en madriers, ce charmant petit bâtiment tout en longueur avec un toit en croupe légèrement cintré abritait autrefois une scie. Celle-ci avait disparu depuis longtemps lorsque le Musée en plein air a repris cette construction, qui date probablement de 1841. Elle sert provisoirement d'entrepôt pour du bois, car il s'agit d'y loger une scie de fabrication ancienne qui reste encore à trouver. L'œil est attiré par la panne massive qui en fait le tour – mais en y regardant de près, on s'aperçoit qu'il ne s'agit pas d'une simple poutre sur le long côté, mais que la panne est soutenue de façon raffinée par une deuxième poutre, sous forme d'assemblage en crémaillère. Des liens en fer forgé renforcent les angles.

Sawmill from Rafz ZH

E A charming, small, extended post and beam structure, covered by a low-swung, shallow-pitch hip roof contained a saw in former times. It had long since disappeared when the open-air museum took over this building, which presumably was built in 1841.

88

Mittelpfosten als Stütze

Montant central soutenant la panne

Centre post as support

The building is serving as a woodshed for the time being, but a really old saw, that still has to be found, really belongs in it. Of particular interest are the massive tie beams. Only on looking closer and very carefully can you see that the beam on the long side is not of one piece but of two that are artistically joined (double-bevel, shoulder-notch type design) and set into each other with a serrated-like cut. Wrought iron bands strengthen the corner joint.

Leinsamenstampfe von Medel GR

Ein aus Bruchsteinen errichteter Mauersockel, daraufgesetzt ein kleines hölzernes Gebäude, überdeckt von einem nur schwach geneigten Schindeldach mit grossen Steinen beschwert, an einer Giebelseite ein massives Wasserrad, zu dem ein am Ende beweglicher Holzkännel führt: so stellt sich die Leinsamenstampfe dar. Vor vielen Jahrzehnten war sie eigentlich eine Mühle; nur wenige Reste zeugen noch davon. Später wurde sie umgebaut und diente dazu, einerseits mit zwei Stösseln die braunen, ölhaltigen Samen des Flachses (Lein) zu zertrümmern und anderseits mit einem dritten, grösseren Stössel den Hanf zu «pochen», das heisst zu brechen.

Die Stössel der Stampfe werden von der Achse des Wasserrades direkt in regelmässigen Abständen gehoben und fallen in zwei mörserartige Vertiefungen, in die man die Leinsamen schüttet. Ein kleiner Herd an einer Wand erwärmt die gestampfte Masse, und in einer Presse, die an einer andern Wand steht, gewinnt man das begehrte Öl.

89

89/90

Leinsamenstampfe mit Wasserrad

Broyeuse à graines de lin avec roue à eau

Linseed stamper with water wheel

Broyeuse à graines de lin de Medel GR

Un socle en moellons sur lequel est construit un petit bâtiment en bois couvert d'un toit de bardeaux peu incliné et lesté de grosses pierres, côté pignon une roue à eau massive à laquelle mène un conduit en bois dont l'extrémité est mobile – telle se présente cette broyeuse à graines de lin. Il y a fort longtemps, c'était en fait un moulin à farine; quelques vestiges en témoignent. Il a été ensuite transformé et muni de deux pilons destinés à broyer les graines brunes et oléagineuses du lin, et d'un pilon plus grand servant à broyer les tiges de chanvre.

Les pilons sont soulevés à intervalles réguliers par l'axe de la roue à eau et retombent dans deux cavités en forme de mortier dans lesquelles on a mis des graines de lin. Un petit foyer placé contre une paroi permet de chauffer la matière broyée, et c'est avec une presse située le long d'une autre paroi que l'on obtient la précieuse huile.

91
Die Ölpresse
La presse à huile
Oil press

92
Stössel der Stampfe
Pilons de la broyeuse
Pestles of the stamper

Linseed Stamper from Medel GR

E A quarried stone masonry base, a small shack on it made of wood and covered with a shallow-pitch shingles roof weighed down with large stones and, on the gable side, a large water wheel fed by a wooden chute that is movable at one end—that is how the linseed stamper looks. Many decades ago, it was, in fact, a mill, but only few remains still provide proof of this. Later it was converted and its two pestles served, on the one hand, to stamp brown oil-containing flax seeds (linseed) and, on the other, to crush the hemp i. e. to break it by means of a third large ram.

The pestles on the stamper are raised and lowered directly by the shaft of the water wheel at regular intervals and these rams stamp down into two cup-shaped recesses (mortars) in which the seed is tipped. A small stove against a wall was used to heat up the stamped mass and in a press against another wall the coveted oil was extracted.

Köhlerei

D Mit ärmlichen Kleidern, russbedeckt und schon von weitem nach Rauch riechend, so tauchten früher die Köhler mit ihren mit Holzkohle beladenen Karren in Dörfern oder Städten auf. Kein Wunder, dass man sich vor diesen aus abgelegenen Wäldern kommenden Gestalten fürchtete und sie oft sogar der Hexerei bezichtigte.

Das Herstellen von Holzkohle war aber die einzige Möglichkeit, Holz, das man nicht abtransportieren konnte, zu nutzen, und gleichzeitig war es ein zusätzlicher Verdienst für Bergbauern. Heute kauft man industriell hergestellte Holzkohle, sauber abgepackt, in Kaufhäusern und nur wenige wissen, wieviel Geschick, Arbeit und Mühe es braucht, bis Holz in klingeldürre schwarze Kohle verwandelt ist.

Schon das Aufstellen der grossen runden Meiler mit aufgeschichtetem Buchenholz, überdeckt von einer Schicht von trockenem Buchenlaub und einer luftdicht abschliessenden Decke aus Erde und Holzkohle, ist eine Kunst. Der brennende Meiler muss Tag und Nacht überwacht werden; etwa alle anderthalb bis zwei Stunden sind neue Löcher in den Mantel zu stossen und andere zuzuschliessen, damit der Eintritt der Luft genau dosiert werden kann. Nach zehn bis vierzehn Tagen kann der Köhler das Ergebnis seiner Kunst freilegen. Während dieser Zeit wohnt er in einem

93

Aufbau des Meilers; vorne Material für die Deckschicht

Edification de la meule; devant, le mélange qui sert de couverture imperméable

Construction of a charcoal pile. In the foreground is material for the covering layers.

kleinen Haus, das gleichzeitig Räume zum Lagern der Holzkohle und zum Abfüllen in Säcke enthält. Es ist demnach kein Museumsobjekt.

Charbonnière

F Pauvrement habillés, couverts de suie et sentant de loin la fumée, les charbonniers amenaient autrefois leur carriole remplie de charbon de bois dans les villages et les villes. Quoi d'étonnant si l'on craignait ces personnages surgis de forêts perdues et si on les accusait souvent de sorcellerie.

Mais la production de charbon de bois était le seul moyen d'exploiter le bois qu'on ne pouvait pas transporter; elle représentait en outre un gain complémentaire pour les paysans de montagne. Aujourd'hui on achète au magasin du charbon de bois produit industriellement et proprement emballé, et peu de gens savent ce qu'il faut de savoir-faire, de travail et de peine pour transformer du bois en charbon noir et léger.

Dresser la grande meule ronde en superposant des bûches de hêtre, les recouvrir d'une couche de feuilles de hêtre sèches puis d'un mélange de terre et de charbon de bois étanche à l'air représente tout un art. La meule en train de charbonner doit être surveillée jour et nuit; toutes les deux heures environ, on perce de nouveaux trous dans la couche extérieure et on en bouche d'autres, de manière à doser exactement la quantité d'air. Après dix à quinze jours, le charbonnier peut dégager le fruit de son travail. Durant cette période il loge dans une petite maison qui contient également des locaux pour le stockage du charbon de bois et pour la mise en sacs. Ce bâtiment n'est pas un objet du Musée.

Charcoal Works

E Covered in soot and smelling afar from smoke, that is how shabbily clad charcoal makers presented themselves with their charcoal laden carts in villages or towns. No wonder people were afraid of these figures that appeared out of remote forests and often even accused them of practising witchcraft.

Making charcoal, however, was the only way to utilize wood that could not be transported. At the same time, it was an additional source of income for mountain farmers. Nowadays, in stores and shops, you can buy neatly packaged industrially manufactured charcoal and only few people know how much skill, work and effort is needed until wood is changed into bone dry, black charcoal.

Even building the large round charcoal pile with its layer upon layer of beech wood, then a covering of dry beech leaves and a final airtight covering of earth and charcoal is an art. The smouldering pile must be watched over day and night. About every one and a half to two hours new holes must be poked in the outer layer and others closed so that entering air can be accurately controlled. Ten to fourteen days later the charcoal maker can uncover and expose the result of his hard work. During this time he lived in a small hut which also served to store charcoal and as a place where sacks were filled. In view of this it is not a building for a museum.

94

Der Meiler brennt.

La meule en train de charbonner

A charcoal pile smouldering

95

Köhler an der Arbeit

Charbonnier au travail

A charcoal maker at work

Baugruppe Östliches Mittelland
Groupe architectural Plateau suisse oriental
Architectural Unit-Eastern Mittelland

D Schon in der Schule lernte jedes Kind, dass das Schweizerische Mittelland vom Genfersee bis zum Bodensee reicht. Die östlichen Teile gehören zu den Kantonen Zürich, Thurgau und Schaffhausen. Das ist ein Gebiet, in dem sich heute in den Dörfern zahlreiche prachtvolle Fachwerkhäuser befinden. Manch einer meint, das sei immer so gewesen. Wollen Sie wissen, wie diese Hauslandschaft entstanden ist? Kommen Sie ins Freilichtmuseum. Sie können schon heute die wichtigsten Schritte der schon mehr als fünfhundert Jahre andauernden Entwicklung sehen!

Zeichnungen und Beschreibungen aus dem 16. und 17. Jahrhundert belegen, dass damals der grösste Teil der ländlichen Bauten reine Holzhäuser waren. Viele von ihnen hatten Walmdächer und waren mit Stroh bedeckt. Nur wenige Reste haben sich noch erhalten, die meisten sind schon lange verschwunden. Ein Beispiel dieser Häuser, konstruiert als Bohlenständerbau, ist das Haus von Wila. Weil es aus dem Tösstal stammt, besitzt es allerdings ein Giebeldach, das schwach geneigt ist und sicher mit Schindeln belegt war. Schon im 17. Jahrhundert begannen Behörden bis hinunter zu den Gemeinden Vorschriften für eine bessere Nutzung und Pflege der Waldungen zu erlassen. Wenn Häuser gebaut wurden, hatte der Bauherr Anspruch auf ein bestimmtes Quantum Holz. Um zu verhindern, dass man Wälder übernutzte, erliess man einschränkende Bestimmungen für die Zuteilung von Holz und förderte gleichzeitig die Anwendung anderer Materialien.

Das Hauptgerüst der Häuser, die Schwellen und Ständer, bestand zwar immer noch aus Holz, aber die zwischen den Balken liegenden Gefache füllte man nicht mehr mit Bohlen oder Kanthölzern (meist «Flecklinge» genannt), sondern mit Mauerwerk oder noch häufiger mit Flechtwerk aus Haselruten, das man beidseitig mit Lehm verstrich. Diese Art der Konstruktion nennt man Fachwerk oder in der Nordostschweiz «Riegelbau», nach den horizontalen Balken, die Riegel heissen. Der Übergang vom Bohlenständerbau zum Fachwerk vollzog sich selbstverständlich nur langsam. Unter den alten Häusern kann man noch hie und da solche finden, bei denen Elemente des früheren Ständerbaus sich mit der neuen Art der Gefachfüllung verbinden. Dies ist beispielsweise beim Haus von Uesslingen der Fall.

Im süddeutschen Raum war das Fachwerk vor allem in den Städten hoch entwickelt. Es strahlte auch in die Nordschweiz aus, und schon bald wurden die Holzhäuser als «alte Hütten» bezeichnet, nur noch von der ärmeren Bevölkerung bewohnt und verschwanden immer mehr. Das Fachwerk dagegen begann das Gesicht der Dörfer und Landschaften zu prägen: zuerst mit verhältnismässig grossen Gefachen, später mit immer stärkerer Unterteilung durch Ständer, kurze schräge Streben und horizontale Riegel. Zu Beginn des 19. Jahrhunderts erreichte das Fachwerk seine stärkste Unterteilung; einzelne Gefache waren schmaler als die Balken, die sie einrahmten. Damit hatte das Fachwerk seinen ursprünglichen Sinn als holzsparende Konstruktion eingebüsst. Viel wichtiger war die optische Wirkung, denn solches Fachwerk empfindet man als schön, und zugleich befriedigt es das Bestreben nach Repräsentation, das bei der ländlichen Bevölkerung schon immer eine Rolle spielte.

F Nos enfants apprennent à l'école que le Plateau suisse s'étend du lac Léman jusqu'au lac de Constance. Ses parties orientales appartiennent aux cantons de Zurich, de Thurgovie et de Schaffhouse. Dans cette région, les villages comportent actuellement un grand nombre de magnifiques maisons à colombages. Bien des gens s'imaginent que cela a toujours été ainsi. Vous aimeriez savoir comment ce style de construction a vu le jour? Venez alors au Musée en plein air. Vous y verrez déjà maintenant les étapes essentielles d'une évolution qui a duré plus d'un demi-millénaire.

Des dessins et des descriptions des XVIe et XVIIe siècles indiquent que la plus grande partie des constructions campagnardes de l'époque étaient en bois exclusivement. Beaucoup avaient des toits en croupe et étaient recouvertes de chaume. Il n'en reste que peu de vestiges et la plupart ont disparu depuis longtemps. Un exemple de ce genre de construction est constitué par la maison de Wila, à montants verticaux et plateaux horizontaux. Comme elle vient de la vallée de la Töss, elle possède un toit à pignon faiblement incliné et qui était certainement couvert de bardeaux. Au XVIIe siècle déjà, les autorités cantonales et communales ont commencé à

96

Im Flugbild erkennt man die Einbettung der Baugruppe in den Wald.

Vue aérienne du groupe niché dans la forêt

The aerial photo shows the architectural unit surrounded by forest.

édicter des règles destinées à améliorer l'exploitation et l'entretien des forêts. Au moment où il construisait, un propriétaire avait droit à une certaine quantité de bois. Pour empêcher la surexploitation des forêts, on a décrété des dispositions restrictives pour l'attribution du bois tout en exigeant l'utilisation d'autres matériaux.

L'ossature des maisons – montants et traverses – était toujours en bois, mais les compartiments formés par les poutres n'étaient plus garnis de plateaux ou de madriers en bois équarri («Flecklinge»); le matériau de remplacement était de la maçonnerie ou, encore plus souvent, un entrelacs de baguettes de noisetier recouvert de terre glaise sur ses deux faces. C'est ce qu'on appelle la construction à colombage ou «Riegelbau» du Nord-est de la Suisse, d'après les poutres horizontales dites «Riegel». Il est évident que le passage de la construction tout en bois au système à colombage a été progressif. Parmi les vieilles maisons, on peut encore trouver ça et là des éléments de l'ancienne «Ständerbau» alliés à la nouvelle méthode du hourdis (remplissage des «vides» de la charpente). La maison d'Uesslingen en donne un exemple.

Dans l'Allemagne du Sud, la construction à colombages était surtout développée dans les villes. Elle s'est étendue au Nord de la Suisse et les maisons en bois ont bientôt passé pour de «vieilles cabanes» habitées par les pauvres gens et condamnées à disparaître de plus en plus. Cependant, la construction à colombages commençait à marquer la physionomie des villages et du paysage, tout d'abord avec des compartiments relativement grands, plus tard avec une subdivision toujours plus fine par des montants, de petits étrésillons obliques et des entretoises horizontales. C'est au XIXe siècle que les façades ont été le plus fortement compartimentées; certains «vides» étaient plus étroits que les poutres qui les encadraient. Le système a colombages perdait ainsi son sens initial de construction destinée à économiser le bois. C'était l'effet visuel qui primait alors, car on trouve ce style esthétique et il satisfait un goût de représentation qui a toujours joué un rôle dans la population campagnarde.

97

Übersicht Bestand 1981; von links nach rechts: Kelter von Schaffhausen, Haus von Richterswil, Waschhaus von Rüschlikon, Tresterschopf von Männedorf, Haus von Uesslingen, Speicher von Wellhausen, Haus von Wila.

Vue générale prise en 1981; de gauche à droite: pressoir de Schaffhouse, maison de Richterswil, buanderie de Rüschlikon, séchoir à marc de raisin de Männedorf, maison d'Uesslingen, grenier de Wellhausen, maison de Wila.

Status 1981; from left to right: winepress house from Schaffhausen, house from Richterswil, washhouse from Rüschlikon, shed for drying grape husks from Männedorf, house from Uesslingen, storehouse from Wellhausen and the house from Wila.

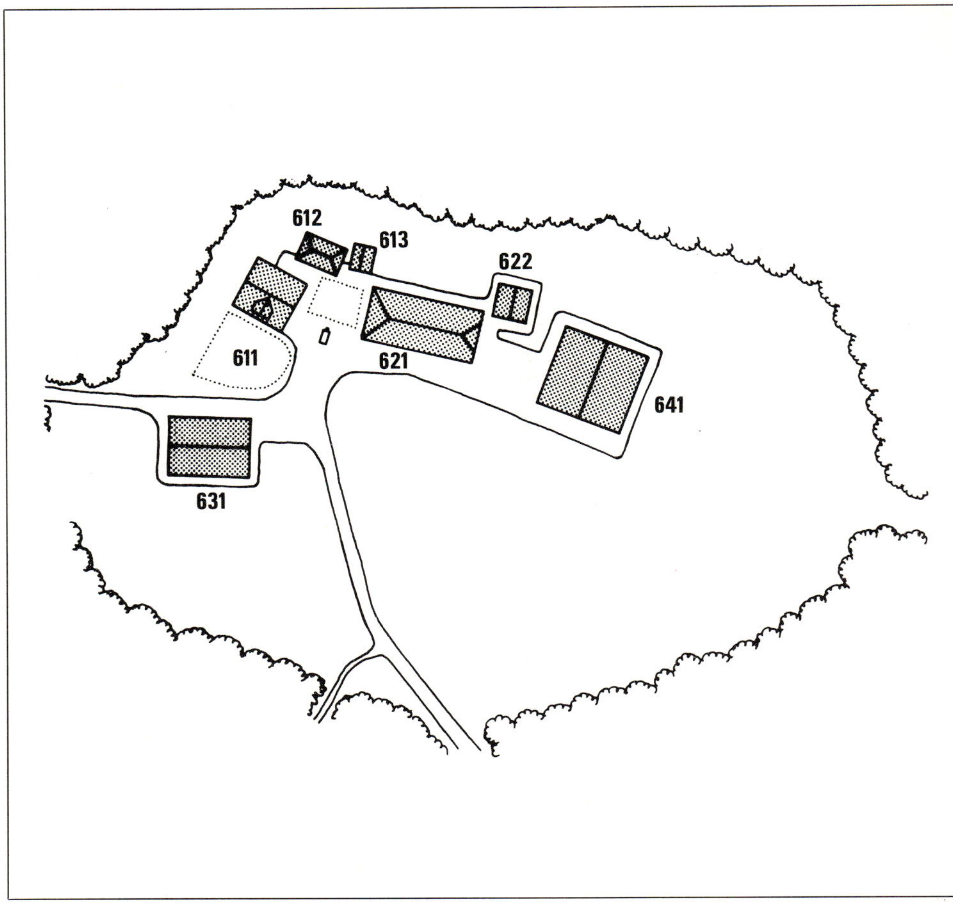

98

Plan der Baugruppe

Plan du groupe architectural

A plan of the architectural unit

E All Swiss children learn at school that the Mittelland stretches from the Lake of Geneva to the Lake of Constance. The eastern areas belong to the cantons of Zurich, Thurgau and Schaffhausen. This is an area where many splendid timber-framed houses are still to be found today in the villages. Many a person thinks that this was always the case. If you want to know how this building style originated come to the open-air museum. Even today you can see the most important stages of developments extending over more than 500 years.

Drawings and descriptions from the sixteenth and seventeenth centuries document that the majority of rural buildings were purely of wood at that time. Many of them had hip roofs and were thatched. Only few remnants have remained intact, but most have long disappeared. An example of these houses, being of post, beam and plank construction, is the house from Wila. As it comes from the Tösstal, however, it has a gable roof with a shallow pitch which was certainly covered with shingles. As early as the seventeenth century authorities right down to community level began to issue regulations on better utilization and care of wooded areas. When houses were built their owners could claim a certain quantity of wood. To prevent people from using forests wastefully restrictive regulations were set down on the allocation of wood while calling for other materials to be used at the same time.

The main frame of these buildings—the posts and beams (joists)—was still made of wood and the spaces between the woodwork were no longer filled with planks or square-cut timbers, but with masonry, or, more frequently, with daub and wattle (woven hazel canes coated both sides with mud and clay). This design is called timber frame construction. Obviously, this transition from post and beam structures to timber frame construction took place very slowly. Among the old houses you can find some here and there which incorporate elements of the earlier post and beam construction with the later type of infill. This is the case, for instance, with the house from Uesslingen.

In southern Germany timber frame buildings were highly developed, particularly in the cities. This spread into the north of Switzerland and it was not long before the wooden houses were called «old huts» only lived in by the poor people and began to disappear increasingly. Timber frame buildings, on the other hand, began to change the characters of the villages and the countryside: first there were relatively large infills, later they became more and more intricate with uprights, short inclined braces and horizontal ties being used. At the beginning of the nineteenth century the woodwork had become most intricate where some infills were narrower than the timbers which enclosed them. This meant that the timber frame design had departed from the original purpose of saving wood. Appearance had become much more important because intricate woodwork was considered beautiful while satisfying the desire to make an impression, which had always been important among country people.

Haus von Richterswil ZH

D Auf den ersten Blick erscheint das schmucke, in seinen Proportionen ausgewogene Haus gross und repräsentativ, doch wenn man genauer hinsieht, bemerkt man, dass es als Wohnhaus für zwei Familien vorgesehen war. Die beiden Wohnteile sind nach der Traufseite orientiert, wo je vier Fenster nebeneinander viel Licht in die Stuben dringen lassen. Nach der Mitte des 19. Jahrhunderts sind dem Grundbesitz-Kataster wechselnde Besitzer der beiden Wohnteile zu entnehmen. Erst im jetzigen Jahrhundert gehörte das ganze Haus wieder einem einzigen Besitzer. Das zugehörige landwirtschaftlich nutzbare Areal war von Anfang an klein, auch das Rebland war bescheiden. Der Ertrag reichte bestimmt nicht aus, um eine Bauernfamilie zu ernähren. Daher kann angenommen werden, dass vorwiegend Gewerbetreibende oder Handwerker hier wohnten, die nebenbei noch etwas Landwirtschaft betrieben. Die Berufsbezeichnungen von Besitzern im 19. Jahrhundert, wie Metzger, Glaser, Wagner, bestätigen dies; auch Jakob Leemann, der Erbauer des Hauses, wurde bei seinem Tod als «Küfer» bezeichnet.

Jakob Leemann hatte 1756 «ein Stück Kraut- und Baumgarten samt etwas Reben» erworben. Zweifellos wurde das Haus kurz nach diesem Kauf erbaut. Es lag ursprünglich an der ehemaligen «Steingasse», welche am jetzt auf der Rückseite des Hauses liegenden Eingang vorbeiführte.

Obwohl der Rebberg nie von Bedeutung war, entspricht das Haus in seinem Aussehen dem, was man am Zürichsee als «Rebbauern-» oder «Weinbauernhaus» bezeichnet. Die benachbarte grosse Weinpresse (Kelter) sowie der luftige Schopf zum Trocknen der Tresterstöckli gehören nach ihrer Funktion zum Rebbauernhaus.

Das schöne, stark gegliederte Fachwerk des Hauses lebt vom Gegensatz des braunen Holzes und der weissen Gefache. In der Mitte des 18. Jahrhunderts bevorzugte man diese Konstruktion, deren Querhölzer dem Ganzen den Namen «Riegelbau» gaben. Nur die gegen Westen gerichtete Giebelseite erstaunt durch ihre massive Mauer.

Die Fenster der Stuben sind von einer Verschalung umgeben, in deren Nuten die von der Sonne gebräunten Laden nach oben geschoben werden können.

Das Giebeldach wird durch eine Hilfskonstruktion leicht geknickt und über die Hauswand hinausgezogen, um ihr mehr Schutz vor Wind und Wetter zu gewähren. Auch dem aus der Dachfläche herausstehenden Ausbau, einer sogenannten Lukarne, verleiht eine leichte Knickung des Dächleins einen eleganten Schwung.

Der hohe, gemauerte Kellersockel enthält einen grossen Vorraum, dessen Boden mit Tonplatten belegt ist, einen Weinkeller und seitlich einen Gemüsekeller.

Eine steile Treppe führt ins Wohngeschoss. Hier lagen ursprünglich zwei Wohnteile mit jeweils Küche und Stube. Aus musealen Gründen und um dem Besucher den nicht ungefährlichen Aufstieg zum oberen Kammergeschoss zu ersparen, wurde beim Wiederaufbau im Wohngeschoss eine einzige Wohnung eingerichtet:

Hier eine kleine Küche mit einem zweilöchrigen Kochherd aus Sandstein und dem Ofenmund, der Öffnung, durch die man den Stubenofen heizt. Unter dem Fenster leitet ein Ausguss des Schüttsteins das Abwasser ins Freie.

Da eine freundliche, helle Stube mit einem prächtigen Kachelofen auf kurzen Beinen stehend und einer seitlichen Ofenbank, auf der man den Rücken wärmen kann, ein Ofen mit glasierten, gemusterten Kacheln, oben abgeschlossen durch einen schönen Kranz, auf dem sich der Hafner verewigt hat: «Hans Jakob Scheller 1795.»

Neben dem Ofen führt eine schmale steile Treppe zu einem Klappdeckel in der Stubendecke. Hier steigt die Wärme in die darüberliegende Kammer. Unter jeder Treppenstufe eine Schublade: welch ausgezeichnete Ausnützung des Platzes.

Die grosse Schlafkammer enthält die übliche Einrichtung mit einem breiten Bett. In der hinteren Kammer bewahrte man verschiedene Vorräte, Speisen und Geräte auf, Pfannen, Krüge, Körbe, eine Waage, auch eine hölzerne Backmulde, denn im Stubenofen konnte man knuspriges Brot oder fruchtige Wähen backen.

100

101

Hübsch gestaltete Lukarne

Jolie fenêtre mansardée

Attractively designed dormer window

100

Haus von Richterswil

Maison de Richterswil

House from Richterswil

Maison de Richterswil ZH

F Au premier coup d'œil, cette maison de belle apparence aux proportions équilibrées en impose plutôt, mais en y regardant de plus près on constate qu'elle a été conçue pour loger deux familles. Les deux logements contigus donnent sur la façade latérale, où leurs salles de séjour reçoivent un flot de lumière par quatre fenêtres juxtaposées. Le cadastre fait mention de changements de mains des deux logements durant la seconde moitié du XIXe siècle. Ce n'est qu'en notre siècle que la maison dans son ensemble est revenue à un seul propriétaire. La surface agricole qui l'accompagnait a été modeste dès l'origine, tout comme celle consacrée à la vigne. Il n'y avait certainement pas de quoi nourrir une famille de paysans. On peut donc admettre que ses habitants ont été essentiellement des artisans ou des ouvriers qui faisaient de l'agriculture une activité accessoire. Les professions indiquées des propriétaires au cours du XIXe siècle – boucher, vitrier, charron – confirment ce point; et Jakob Leemann, celui qui a construit la maison, a été désigné comme tonnelier dans son acte de décès.

Jakob Leemann avait acquis en 1756 «une parcelle en nature de verger avec quelques pieds de vigne». Il est certain que la maison a été construite peu après cet achat. Elle donnait initialement sur l'ancienne «Steingasse», qui longeait l'entrée maintenant située sur l'arrière de la maison.

Bien que la vigne n'y ait jamais joué un grand rôle, la maison a l'aspect de ce qu'on appelle, sur les bords du lac de Zurich, une «maison de vigneron». Le grand pressoir avoisinant et l'aire bien ventilée pour le séchage du marc de raisin s'intègrent par nature à une maison de viticulteur.

Cette belle construction à colombages fortement dessinés est rendue vivante par le contraste du bois brun et des compartiments blancs qu'il délimite. C'est le type de construction généralement adopté au milieu du XVIIIe siècle, et ses entretoises horizontales («Riegel» en allemand) on fait donner à l'ensemble le nom de «Riegelbau» utilisé par le langage courant. Seule la façade à pignon dirigée vers l'ouest étonne par son mur massif.

Les fenêtres des salles de séjour sont garnies d'encadrements avec des rainures dans lesquelles les volets brunis par le soleil peuvent coulisser vers le haut.

102

Stubenfenster mit Fall-Laden

Fenêtres de salle de séjour avec volet coulissant

Living room windows with sliding drop shutters

103

104

103

Stube, Tisch und Uhrenecke

Chambre, table et coin de l'horloge

Living room, table and clock corner

104

Ofen und Ofentreppe mit Schubladen

Le poêle et l'escalier avec des tiroirs

The heating oven and the drawers below the steps

Le toit à chevrons est légèrement relevé par des coyaux et porté au-delà des murs latéraux pour protéger ceux-ci des intempéries. Au milieu du toit, une fenêtre mansardée est elle aussi caractérisée par la courbure élégante de son petit toit.

Le haut socle en maçonnerie abrite une grande entrée à sol carrelé, une cave à vin et, sur le côté, un cellier à légumes.

Un escalier raide mène à la partie habitable. Celle-ci comprenait à l'origine deux logements avec chacun une cuisine et une salle de séjour. Pour des raisons de présentation et pour éviter au visiteur la montée non exempte de danger à l'étage des chambres, on s'est limité à un seul logement lors de la reconstruction.

Ici une petite cuisine avec son âtre à deux trous en molasse, muni d'une «bouche», l'ouverture par laquelle on chauffe le poêle de la salle de séjour. L'écoulement de l'évier se fait directement à travers le mur sous la fenêtre.

Là une salle agréable et claire avec un magnifique poêle en faïence sur ses petits pieds; sur le côté du poêle, un banc où on peut se chauffer le dos. Un poêle revêtu de carreaux à motifs émaillés, surmonté d'une belle bordure sur laquelle le poêlier s'est immortalisé: «Hans Jakob Scheller 1795».

A côté du poêle, un escalier étroit et raide mène à une trappe qui s'ouvre dans le plafond de la pièce. La chaleur peut ainsi gagner la chambre située audessus. Sous chaque marche de l'escalier, un tiroir: façon remarquable d'exploiter la place disponible.

La grande chambre à coucher contient les objets qu'on trouve ordinairement dans un tel lieu ainsi qu'un lit à deux places. Dans la chambre située derrière, on a rangé diverses provisions

105

106

105/106
Speisekammer
Garde-manger
Pantry

et des ustensiles, poêles, cruches, paniers, une balance, et aussi un pétrin, car on pouvait également cuire du pain ou des tartes aux fruits dans le poêle de cette pièce.

House from Richterswil ZH

E At first sight the attractive, well-proportioned house appears large and dignified, but on looking closer you can see it was intended to provide homes for two families. The two living quarters are oriented towards the eaves side where two lots of four windows next to each other let plenty of light into the living rooms. After the middle of the 19th century the different owners of the living quarters can be found in the land register. Not until this century did the entire house again belong to one person only. From the very beginning, the arable land belonging to the house was small and the area of the vineyard, too, was modest. There is no doubt that the harvest did not suffice to feed a farmer's family. Consequently, it may be assumed that primarily tradesmen or craftsmen lived here who did some farming on the side. This is also confirmed by the descriptions of the trades of the 19th century owners such as butcher, glazier and cartwright. Jakob Leemann, also, who built the house, was described as a cooper when he died.

In 1756 Jakob Leemann had acquired 'a small cabbage plot and orchard plus a little vineyard'. Without doubt, the house was built shortly after this purchase was made. It was located originally in the former 'Steingasse', which ran past the entrance that is now situated at the back of the house. Although the vineyard was never of any significance, the appearance of the house is what people from the Lake of Zurich would describe as a 'wine-grower's' or 'vintager's' house. The adjacent large wine-press as well as the airy shed, where the grape-husks were dried, belong to a vintager's house by reason of the functions they serve.

The beautiful, heavily latticed timberwork of the house obtains its character from the contrast between the brown wood and the white masonry. In the middle of the 18th century this design was preferred. The crossbeams it used gave this way of building the name 'Riegelbau' which is most generally used in the Swiss colloquial language. Only the massive wall of the gable side which faces west is surprising.

The living room windows have a frame around them with grooves in which the sun-browned shutters run when they are raised.

The gabled roof is slightly turned up by means of an auxiliary construction and extended beyond the wall of the house to give it greater protection against the weather. A dormer window on the roof was also given an elegant line by the turned-up design of its small roof.

The high-walled cellar base has a large anteroom, in which the floor is covered with earthenware tiles, a wine cellar and a vegetable storage cellar.

Steep steps lead into the living quarters. Originally, there were two living areas each having a kitchen and living room. For museology reasons, and also so as not to expose visitors to the somewhat hazardous climb to the rooms on the next floor, only one dwelling was furnished when the living area was rebuilt.

There is a small kitchen fitted out with a two-hole sand-stone cooking range with an opening through which the living room is heated. Below the window, an outlet from the sink discharges waste water outside.

A cosy, bright living room contains a magnificient ceramic tiled heating oven, standing on short legs and having a side seat where you can sit and warm your back. It is a heating oven with glazed, patterned tiles and finished at the top with a beautiful crown on which the tilemaker perpetuated his memory by inscribing 'Hans Jakob Scheller 1795'.

Next to the heating oven steep and narrow steps lead to a trapdoor in the living room ceiling. Warmth rises through it to the upper room. There is a drawer below each step, making excellent utilization of space.

The large bedroom is furnished in the usual way and with a wide bed. In the back room various provisions, food and utensils were stored: pots and pans, jugs, baskets, scales and even a wooden kneading trough, since you could bake bread or a fruit tart in the tiled stove.

107

Kammer, Bett

Chambre à coucher, lit

Bedroom, bed

108

Keller

Cave

Cellar

Waschhaus und Speicher von Rüschlikon ZH

D Zu jedem Bauernhaus gehören in der Nordostschweiz verschiedene kleinere Nebenbauten, die abhängig sind vom jeweiligen landwirtschaftlichen Betrieb. So stellt sich das hübsche, mit einem leicht geknickten Walmdach versehene Ökonomiegebäude in selbstverständlicher Weise zum Haus von Richterswil. Ursprünglich war es ein reiner Speicher, in welchem im Erdgeschoss Gemüse, Kartoffeln und Most gelagert wurden, wie anderorts im Keller des Speichers. Das Obergeschoss, durch eine steile Treppe zugänglich, beherbergte andere Produkte. Von Hand geschmiedete Gitterstäbe sicherten die Fenster gegen Diebe. Um 1900 verlor der Speicher seine eigentliche Funktion, er wurde von da an nur noch als Schopf (Abstellraum) gebraucht, und im Erdgeschoss baute man eine Waschküche ein.

Die grosse Wäsche, die gewöhnlich zweimal im Jahr abgehalten wurde, konnte man im Waschhaus mehrmals, dafür mit weniger Aufwand durchführen, und die Waschfrauen waren bei schlechtem Wetter erst noch besser geschützt. So ist das Nebengebäude auch im Freilichtmuseum als Waschhaus eingerichtet und enthält Waschherd, verschiedene Zuber, Waschbretter und andere Gegenstände, die zum Waschen nötig waren.

Buanderie et grenier de Rüschlikon ZH

F Chaque ferme du Nord-est de la Suisse est accompagnée de petits bâtiments annexes qui varient selon le type d'exploitation agricole. C'est donc tout naturellement que cette jolie dépendance avec toit en croupe légèrement incurvé vient flanquer la maison de Richterswil. Cela a commencé par être un grenier seulement, dans lequel on entreposait légumes, pommes de terre et cidre au rez-de-chaussée comme on le faisait ailleurs à la cave du grenier. L'étage, accessible par un escalier raide, abritait d'autres produits. Des barreaux de grilles forgés à la main protégeaient les fenêtres contre les voleurs. Vers 1900,

ce grenier a été désaffecté pour servir de remise, et on a fait une buanderie du rez-de-chaussée.

Alors que la «grande lessive» se faisait d'habitude deux fois par an, cette buanderie permettait de s'y consacrer plus souvent et avec moins de fatigues tout en protégeant mieux les lessiveuses en cas de mauvais temps. Cette annexe est donc aménagée au Musée en plein air en tant que buanderie et contient chaudron, baquets divers, planche à lessive et autres ustensiles dont on avait besoin pour laver le linge.

Washhouse and Storehouse from Rüschlikon ZH

E Various small auxiliary buildings belong to every farmhouse in North East Switzerland, depending on the type of farming done. Thus, the attractive domestic building with its slightly dipped hip roof takes a natural position next to the house from Richterswil. Originally it was solely a storehouse where vegetables, potatoes and cider were stored on the ground floor, as elsewhere in the cellar of the storehouse. Reached by steep steps, the top floor contained other produce. Handforged wrought iron bars at the windows were a safeguard against thieves. Around 1900 this storehouse lost its original purpose. It was then used only as a place to keep things and a laundry room was built in the ground floor.

The big washing days, that were held usually twice a year, could be carried out several times in the washhouse, with less effort, and, moreover, the washerwomen had better protection in bad weather. Consequently, in the open-air museum this auxiliary building is set up as a washhouse, containing a boiler, various tubs, washboards and other things needed for washing and laundering.

109

Das Waschhaus

La buanderie

The washhouse

110/111

Waschherd und Zubehör

Chaudron et accessoires

The boiler and accessories

Kelter von Schaffhausen

Bei uns sagt man einer Weinpresse (Kelter) im Dialekt «Trotte» oder «Torggel». Sie steht in der Nähe des Hauses von Richterswil, zu dem ein kleiner Rebberg gehört. Wo es das Klima erlaubte und günstiger Boden vorhanden war, wurden früher Reben gepflanzt. Die Bauern tranken den Wein meist selbst, in Wirtschaften wurde er ausgeschenkt, und grössere Betriebe, Städte und Klöster brauchten umfangreiche Rebberge. So war es auch beim Kloster Paradies, von dem wir wissen, dass es schon im 14. Jahrhundert am sonnigen Ufer des Rheins Rebberge hatte. Die «Paradieser Trotte an der Rhyhalde», wie unser Kelter hiess, wird bereits 1482 erwähnt. In der Mitte des 18. Jahrhunderts wurde sie umgebaut und erweitert. Im Freilichtmuseum aber steht das Gebäude so, wie es vor dem Umbau aussah.

Kelter sind grosse Gebäude; meist gemauert, damit ihnen die Feuchtigkeit weniger anhaben kann. Das Prunkstück im Innern ist die gewaltige, rund sieben Meter lange Weinpresse aus Fläsch GR, datiert 1695. Ihre Hauptbestandteile, der Pressbaum, die Stüde, die Spindel und das Trottbett sind aus Eichenholz, das nicht leicht fault. Das gewaltige Gewicht des Pressbaums (der unsrige wiegt ca. 2,5 Tonnen) und auch des Trottsteins pressen aus den Trauben den letzten Tropfen Saft. In grossen Fässern wurde er gelagert und später im Weinkeller aufbewahrt.

Pressoir de Schaffhouse

En dialecte local, le pressoir s'appelle «Trotte» ou «Torggel». Il est situé à proximité de la maison de Richterswil, à laquelle appartient une petite vigne. Aux endroits où le climat et le sol étaient favorables, on plantait autrefois de la vigne. Les paysans buvaient généralement leur vin, on en débitait dans les auberges et les grands établissements, les villes et les couvents exploitaient de grands vignobles. Il en était ainsi du «Couvent du Paradis», dont on sait qu'il possédait dès le XIVe siècle des vignes sur la rive exposée du Rhin. Le «pressoir du Paradis à Rhyhalde» est déjà mentionné en 1482. Il a été transformé et agrandi au milieu du XVIIIe siècle. Mais dans le Musée en plein air, ce bâtiment a été reconstruit tel qu'il était avant sa transformation.

Les pressoirs sont de grandes constructions, généralement en maçonnerie pour mieux résister à l'humidité. Celuici abrite un énorme pressoir d'environ 7 mètres de longueur qui provient de Fläsch dans le canton des Grisons et qui est daté de 1695. Le tronc qui constitue sa pièce maîtresse, les poutres d'appui, la vis et la table sont en chêne, un bois qui ne pourrit pas facilement. Le poids énorme du levier (le nôtre pèse environ 2,5 tonnes) et de la pierre font sortir les dernières gouttes des grappes. Le moût était entreposé dans de grands tonneaux, puis dans la cave à vin.

Winepress House from Schaffhausen

Close by the house from Richterswil to which a small vineyard belongs, is a house containing a winepress. In olden times, climate and favourable ground permitting, grape vines were cultivated. Mostly, the farmers drank the wine themselves or it was served in inns. Large farmsteads, towns and monastries thus needed extensive vineyards. This was also the case with the Paradise Monastry which we know had vineyards on the sunny banks of the Rhine as far back as the fourteenth century. The 'Paradise press house on

112

Name einer der Besitzerfamilien um 1750

Nom d'une des familles propriétaires vers 1750

Name of one of the owners around 1750

the Rhine slope' as our winepress house was called, was already mentioned in 1482. In the middle of the eighteenth century it was modified and enlarged. The building, however, is displayed in the open-air museum as it looked before this modification.

Winepress houses are large buildings, generally made of masonry as protection against the damp. Inside, the showpiece is the tremendous, roughly seven-metre long winepress from Fläsch, Grisons, dating from 1695. Its main components: the press arm, the uprights (posts), the screw and the press bed, are made of oak which does not rot easily. The enormous weight of the press arm (ours weighs approximately two and a half tons) and the stone weight with it squeeze the last drop of juice from the grapes. Large vats hold the juice which is later stored in the wine cellar.

114

Die gewaltige Weinpresse von 1695

L'énorme pressoir de 1695

The enormous winepress dating from 1695

115

Fässer und Zubehör

Tonneaux et accessoires

Vats and other items

Schopf für Trester von Männedorf ZH

D In der Weinpresse von Schaffhausen werden die Trauben ausgepresst. Der Rückstand, Trester genannt, wird gebraucht, um Weinbrand herzustellen. Was dann noch übrig bleibt, wird mit einer metallenen Handpresse zu kleinen, stangenartigen Stümpfen («Tresterstöckli») geformt. Im luftigen Schopf trocknen diese Tresterstöckli aus. Nun kann man sie im Stubenofen verbrennen. Die Asche sammelte man früher, um damit den Garten zu düngen. Ist eine solche restlose Ausnützung nicht beschämend für unsere Wegwerfgesellschaft?

Séchoir à marc de raisin de Männedorf ZH

F Le raisin est pressé dans le pressoir de Schaffhouse. Le résidu, appelé marc, sert à produire une eau-de-vie de raisin. Ce qui reste alors peut être façonné à l'aide d'une presse métallique à main pour donner de petits cônes («Tresterstöckli»). Ceux-ci sont mis à sécher dans l'abri bien ventilé. On les utilise pour chauffer les poêles des salles de séjour. Autrefois, on collectait enfin les cendres pour fertiliser le jardin. Une mise à profit aussi exhaustive n'est-elle pas faite pour couvrir de honte notre société de gaspillage?

Grape Husk Drying Shed from Männedorf ZH

E Juice is pressed from grapes in the winepress from Schaffhausen. The residue afterwards, that is made up of grape husks and skins, is used to make a type of brandy. What is left then is put in a metal handpress to form small, bar-shaped stubs. They are put in an airy shed to dry out. These stubs can then be burned in the living room heating oven. In earlier times the ash was collected as fertilizer for the garden. This degree of utilization provides food for thought for our throw-away consumer society.

116
Der Schopf
Le séchoir
The shed

117
Tresterstöckli
«Tresterstöckli», le combustible obtenu
Dried grape husk pellets

Haus von Uesslingen TG

D Wer viel durch Ostschweizer Dörfer gewandert ist, steht erstaunt vor diesem grossen Haus. Manches an ihm ist ungewohnt. So vor allem das mächtige Walmdach, nicht so steil wie jenes des Hauses von Madiswil, aber dennoch beeindruckend. Auch das Fachwerk ist nicht so, wie man es kennt und wie es das benachbarte Haus von Richterswil zeigt. Tatsächlich handelt es sich um eine viel ältere Art; sie knüpft direkt an den noch älteren Bohlenständerbau an. Hier einige Besonderheiten: Die senkrechten Hauptständer gehen von den Schwellen durch zwei Stockwerke hindurch bis zum oberen Kranz, den Rähmbalken; die Gefache sind gross und meistens liegende Rechtecke; nur wenige, aber lange Streben ziehen von den Schwellen durch die Gefache; immer noch dominieren die langen horizontalen Riegel; die westliche Giebelwand ist mit Bohlen ausgefacht, während im Innern an einzelnen Wänden noch das ursprüngliche Flechtwerk, beidseits mit Lehm verstrichen, zu sehen ist. Auch bei der Dachkonstruktion kann der Kenner von aussen sehen, dass über dem Wirtschaftsteil Rafen herausstehen, während über dem Wohnteil diese Hölzer an die querlaufenden Dachbalken mit Holznägeln angeblattet sind. Das Haus ist zudem mit seinen Stubenfenstern an der Traufseite zur Sonne orientiert. Alles in allem, das Haus von Uesslingen ist eine Übergangsform zwischen Bohlenständerbau und jüngerem Fachwerk, das bei Stube und Kammer späteren Datums ist. Vermutlich musste diese Wand einmal geflickt werden.

Das Haus ist nach seiner Konstruktion und der im Dorf erzählten Überlieferung sehr alt. Vermutlich stammt es aus dem 16. oder frühen 17. Jahrhundert. Es war damals schon ein Bauernhaus mit Wohnteil, Tenn und Stall. Der kleine Stall deutet aber darauf hin, dass hier entweder ein Rebbauer oder ein Handwerker wohnte, die beide nicht viel Vieh besassen. Sicher lässt sich das aber nicht mehr feststellen. Im 18. Jahrhundert wurde das Haus auf der Ostseite verlängert, als man einen Pressraum einrichtete. Heute steht darin eine Mostpresse jüngeren Datums.

Sparsam ging man um, als man das Haus verlängerte! Noch jetzt ist die alte Dachkonstruktion mitsamt den schrägen Rafen vorhanden. Man verlängerte den Firstbalken und fügte neue Dachhölzer ein, ohne dass man von aussen erkennen könnte, dass unter dem reizvoll gefleckten Biberschwanz-Ziegeldach eine Veränderung stattgefunden hat.

Der Hauseingang befindet sich auf der Rückseite des Hauses. Über eine ausgetretene Schwelle gelangt man in die grosse Küche, an die eine kleine, kühle Speisekammer anschliesst, in welcher man auch allerhand andere Gegenstände aufbewahrt. Die Stube beeindruckt durch ihre alte Bohlenbalkendecke, die übrigens erst zum Vorschein kam, als die Handwerker beim Abbau des Hauses eine Holztäferung aus dem 19. Jahrhundert entfernten. Besonders schön ist der Stubenofen mit seinen dunkelgrünen Kacheln und den gelben Messingknöpfen an den Ecken.

Im Obergeschoss dieses Hauses ist das Schweizerische Museum für Brot und Gebäck untergebracht, es wird vom Schweizerischen Bäcker- und Konditorenmeisterverband betreut. Hier sehen Sie Abgüsse von über 2000 Jahre alten Broten, zahlreiche Model für die beliebten Anisbrote, eine ganze Sammlung von typischen Broten aus verschiedenen Kantonen, prachtvolle Festtagsbrote oder Brote, die zu bestimmten Anlässen gebacken wurden, sowie viele alte Gegenstände, die man zur Herstellung von Brot und andern Gebäcken brauchte. Sie sehen, es lohnt sich, die paar Treppenstufen emporzusteigen und sich umzusehen!

118

Haus von Uesslingen

Maison d'Uesslingen

House from Uesslingen

Maison d'Uesslingen TG

F Qui a beaucoup parcouru les villages de la Suisse orientale s'étonne devant cette grande maison. Plusieurs de ses caractéristiques sont inhabituelles, et en particulier son grand toit en croupe, pas aussi incliné que celui de la maison de Madiswil mais tout de même impressionnant. Les colombages également n'ont pas une disposition qui nous est familière et dont sa voisine, la maison de Richterswil, nous montre un exemple. C'est qu'il s'agit là d'un style bien plus ancien, directement issu de la construction à montants verticaux et plateaux horizontaux, lui-même encore plus vieux. Voici quelques particularités de cette maison: les principaux montants verticaux vont de la semelle à travers deux étages jusqu'à la couronne formée par la sablière supérieure; les compartiments sont grands, le plus souvent en forme de rectangles couchés; les croisillons sont peu nombreux mais très longs et ce sont toujours les longues entretoises qui dominent; la façade à pignon du côté ouest est formée de madriers, tandis qu'à l'intérieur certaines parois montrent encore le treillis de baguettes recouvert de glaise sur les deux faces qu'on trouvait à l'origine. Le connaisseur remarquera également depuis dehors qu'au-dessus des locaux d'exploitation agricole les chevrons du toit sont suspendus librement, tandis qu'au-dessus du logement les chevrons sont fixés à la sablière par des chevilles de bois. La maison s'oriente sur le soleil par ses fenêtres de la salle de séjour donnant sur le côté. Somme toute, la maison d'Uesslingen constitue une transition entre la technique de la construction à montants verticaux et celle, plus récente, de la construction à colombages. Un examen attentif vous permettra de constater que les parois à colombages de la salle de séjour et de la chambre sont moins anciennes que le reste. On peut supposer qu'il a fallu un jour réparer cette cloison.

D'après sa construction et selon la tradition locale, cette maison est très vieille. On peut penser qu'elle remonte au XVIe ou au XVIIe siècle. Il s'agissait déjà à l'époque d'une ferme avec logement, aire et étable. La dimension modeste de celle-ci indique cependant

119/120

Fachwerk

Colombage

The woodwork

119

12

121

Rafen über dem Stallteil

Chevrons supendus («Rafen»)
au-dessus de l'étable

Rafters over the stalls

122

Über der Tenne stehen die Enden
des Balkenbodens heraus.

Les extrémités du plancher en solives
font saillie au-dessus de l'aire.

The ends of the floor beams extend
over the threshroom

121

122

123

124

Flechtwerk, mit Lehm verstrichen

Tressage de baguettes jointoyé de glaise

Daub and wattle
(woven hazel covered with mud)

123

Reste der alten Flechtwerkwand

Vestiges de l'ancienne paroi en tressage de baguettes

Remains of the old daub and wattle wall

que l'habitant était un vigneron ou un artisan qui possédait peu de bétail; mais rien ne permet de s'en assurer. Au XVIIIe siècle la maison a été prolongée sur son flanc est pour y aménager un local de pressoir. Il s'y trouve actuellement une presse à cidre de fabrication plus récente.

Cette extension de la maison a été réalisée avec un grand souci d'économie. L'ancienne charpente de toit à chevrons suspendus existe aujourd'hui encore. On a prolongé la panne faîtière et on a ajouté les poutres nécessaires, sans qu'il soit possible de reconnaître depuis l'extérieur une modification quelconque sous ce toit à tuiles plates formant des taches du plus bel effet.

L'entrée du logement est située sur l'arrière de la maison. Passant le seuil usé, on pénètre dans la grande cuisine à laquelle se rattache un petit garde-manger frais dans lequel on range également toutes sortes d'ustensiles. La salle de séjour fait grande impression avec son plafond à poutres apparentes, qui ne s'est d'ailleurs révélé qu'au moment où les ouvriers ont enlevé un lambrissage du XIXe siècle en démontant la maison. On admirera particulièrement le poêle en faîence verte, orné de boutons en laiton sur les coins.

L'étage supérieur de cette maison abrite le Musée suisse du pain et la pâtisserie; c'est l'Association suisse des maîtres boulangers et pâtissiers qui s'en occupe. Vous y verrez des moulages de pains datant de plus de 2000 ans, de nombreux moules à pains d'anis, toute une collection de pains typiques de divers cantons, de magnifiques pains de fête ou confectionnés à certaines occasions, ainsi que toutes sortes d'ustensiles utilisés dans le temps pour faire du pain et des gâteaux. Il vaut donc la peine de monter les quelques marches qui mènent à ce musée!

House from Uesslingen TG

E Anyone who has wandered a great deal through villages in Eastern Switzerland comes to a halt in surprise in front of this large house. Much of it is unusual, particularly the expansive hip roof. Although not as steeply pitched as that of the house from Madiswil it is still impressive. The woodwork of the timber frame construction is not as might be expected from the neighbouring house from Richterswil. It is, in fact, a much older type, following on directly from the even older post and beam design. Here are some structural peculiarities: the main vertical uprights (posts) extend from the still plates through two floors to the top ridge, the head purlin; the infills are large being mostly rectangles with the long side down; only few, but long braces extend from the sill plates through the woodwork; the long horizontal tie beams still dominate; the west gable wall is of rough cut timbers whereas individual walls inside still have the original daub and wattle (woven hazel coated with mud or clay). A knowledgeable person can see from outside that the roof rafters extend over the farming section while over the

125

Pressraum mit Mostpresse

Local du pressoir avec presse à cidre

The press room showing the cider press

126

Küche

Cuisine

The kitchen

127

Speisekammer

Garde-manger

The pantry

128
Stube
Salle de séjour
The living room

129
Stubenofen
Poêle en faïence
The living room heating oven

living quarters they are joined to the roof beams with half-lap joints and wooden nails (pegged). The house also has its living room windows on the eaves side facing the sun. All in all the house from Uesslingen is a transition style between post, beam and plank structures and early timber frame construction. If you look closely you can see that the woodwork of the living room and bedroom is of a later date. Presumably, this wall had to be mended at one time.

According to its design and stories handed down through time and told in the village, this house is very old. It is likely to originate from the sixteenth or early seventeenth century. At that time it was already a farmhouse with living quarters, threshroom and stall. The small stall indicates, however, that either a winegrower or a handworker lived here who did not own a lot of cattle. However, that can certainly no longer be determined. In the eighteenth century the house was extended on the eastern side when a press room was installed. Today, a cider press of recent origin is to be found in it.

The people were thrifty when they extended the house. Even now the old roof structure complete with the inclined rafters still exists. The ridge beam was extended and new roof timbers added without it being recognizable from outside that below the charming mottled flat roofing tiles a change had been made.

The entrance to the house is at the back. On crossing a well-worn doorstep, you step into a spacious kitchen with a connecting small, cool pantry where many other things were also kept. An impressive feature of the living room is its old beam and plank ceiling which, by the way, did not appear until workmen removed wood panelling dating from the nineteenth century while taking the house apart. The living room heating oven is particularly beautiful with its dark green ceramic tiles and yellow brass knobs at the corners.

The top floor of this house serves as the Swiss Museum of Bread and Pastry that is sponsored by the Swiss Bakers and Confectioners Association. Here you can see forms for bread from over 2000 years ago, numerous models for the loved aniseed bread, a whole collection of typical loaves from various cantons, splendid loaves for festivals or those baked for special occasions. Also there are many old utensils and items that were used to make bread and other pastries. As you see, it is worthwhile climbing the few steps and having a look round.

Speicher von Wellhausen TG

D Das ist ein charakteristischer kleiner Fachwerkspeicher auf einem gemauerten Kellersockel. Das Fachwerk ist einfach, wie es auch für ein Nebengebäude genügt, und dennoch ansprechend. Ursprünglich hatte der Speicher keine Fenster oder höchstens schmale Luftöffnungen. Die grossen Fenster wurden eingepasst, als der Besitzer den Speicher als Werkstätte brauchte. Das einfache Sparrendach wird mit einem leichten Knick über die Traufseiten hinausgezogen, um sie besser zu schützen. Heute enthält der Speicher verschiedene Gerätschaften und Maschinen, die zum Bestand des Schweizerischen Museums für Brot und Gebäck gehören.

Grenier de Wellhausen TG

F Ce petit grenier à colombages sur cave maçonnée est une construction typique. Le style des colombages est simple, comme il convient à une dépendance, mais tout de même attrayant. A l'origine, ce grenier ne possédait pas de fenêtre, ou tout au plus d'étroites ouvertures de ventilation. Ses grandes fenêtres ont été ménagées lorsque son propriétaire l'a utilisé comme atelier. Son simple toit à chevrons fixes est légèrement relevé sur sa partie inférieure pour mieux abriter les façades latérales. Ce grenier contient aujourd'hui divers ustensiles et machines qui font partie des collections du Musée suisse du pain et de la pâtisserie.

Storehouse from Wellhausen TG

E This is a characteristic, small storehouse of timber frame construction on a masonry cellar foundation. The woodwork is of simple design, just sufficient for a building of less importance, but it is still charming in its way. When built, the storehouse had no windows, at the most small air vents. Large windows were added when the owner decided to use the storehouse as a workshop. The simple rafter roof was given a slight lift to extend it on the eaves sides to provide better protection from the weather: Today, this storehouse contains a diversity of utensils and equipment which belong to the Swiss Museum for Bread and Pastry.

130

Speicher von Wellhausen

Grenier de Wellhausen

Storehouse from Wellhausen

Haus von Wila ZH

D Vorläufig sind vom geplanten Dörflein aus dem östlichen Mittelland erst die Häuser auf der einen Seite der Dorfstrasse gebaut. Das östlichste ist ein Bohlenständerbau mit allen Merkmalen hohen Alters. Auf den durchgesteckten und mit Holznägeln gesicherten eichenen Schwellen stehen lange, durch zwei Geschosse durchgehende Ständer, die oben in einen Rahmen eingezapft sind. Horizontale Riegel von erstaunlicher Länge verstärken das Baugerüst. Im Unterschied zum späteren Fachwerk bilden hier die Gefache liegende Rechtecke und sind nicht durch schräge Streben unterteilt. Das war die mittelalterliche Bauweise in weiten Teilen des Mittellandes.

Das Haus, als Vielzweckbau eines Bauern, der im 17. Jahrhundert mehr Ackerland als Wiesen und Weiden besass, ist typisch in seiner Einteilung: Es wird ein Wohnteil mit einer Stall-Scheune verbunden. Damals besass Jagli Jucker, der Besitzer, umgerechnet rund 20 ha Land. Wer hätte vermutet, dass im Tösstal, wo heute der Getreidebau weitgehend verschwunden ist, einmal «Ackerbauern» lebten? Das mussten damals und später vermögliche Familien gewesen sein. Tatsächlich entstammten der Besitzerfamilie Ruppen, welche im 18. Jahrhundert nachgewiesen werden kann, Männer, welche wichtige Ämter im Dorf innehatten: Kirchenpfleger, Ehegaumer, Richter.

Besonders auffällig ist das schwach geneigte und von Schindeln bedeckte Dach. Es wird getragen von senkrechten Ständern, die von den Schwellen heraufziehen. In der Querrichtung, von Traufe zu Traufe, halten durchgehende Ankerbalken das ganze Gerüst zusammen. Sie laufen im Dachraum in etwa 1,20 Meter Höhe frei durch den Raum, so dass man sich bücken muss, will man hier herumgehen. Die Traufwände sind beidseits hochgezogen, daher kann man den Dachraum, die «Obertili», bis in die äussersten Ecken gut nutzen. Das war praktisch, lagerte man hier doch allerhand Produkte, die durch den aufsteigenden und sich hier verbreitenden Rauch trocken und von fressgierigen Schädlingen frei gehalten wurden. Über den Firstbalken sind paarweise Rafen gehängt (sie sind «verhürotet» heisst es im Dialekt), welche die Dachlatten und die Schindeln tragen. Die Rafen erlauben es, die Dachfläche ohne Unterbrechung beliebig weit über die Traufseite hinauszuziehen. Man muss sie dann allerdings durch schräge Büge und eine lange Flugpfette unterstützen. Diese Flugpfette war der Ort, wo die Bauleute den vom Besitzer gewünschten Hausspruch anbrachten.

Den Wohnteil betritt man durch einen quer verlaufenden Gang; er umfasst drei hintereinanderliegende Räume: Stube, Küche, Küchenkammer. Das Besondere ist demnach die in der Mitte liegende Küche, in welche man allerdings auch von der Giebelseite gelangen kann. Der Rauch des Herdes und des Stubenofens steigt in einen Rauchabzug, der aus auf beiden Seiten mit Lehm verstrichenem Rutengeflecht gebildet wird. Er endet auf der Höhe des Dachbodens. Bis dahin müssen alle Funken erloschen sein.

Im Haus von Wila ist der Aufenthalt der alten Eltern anders gelöst als im Berner Mittelland. Hier hat sich der Vater beim Erbgang von 1818 ausser der Regelung von Kleidern, Speise und Trank vorbehalten «den freyen unentgeltlichen Platz für sich wie auch das Recht, in der oberen Kammer zu schlafen». Diese obere Kammer war jene, die über der Küchenkammer lag. Die Kammer über der Stube diente traditionsgemäss als Schlafgemach für die Eltern. Hier lebten demnach mehrere Generationen im selben Haushalt.

131

Das traufseitig zugängliche Haus: Stalltür, Tenntor, Haustür

On accède au bâtiment par le côté: porte de l'étable, porte de l'aire, entrée du logement

Entrances on an eave side of the house: the stall door, the threshold door and the house door

132

Maison de Wila ZH

Ne sont construites pour le moment que les maisons d'un côté de la rue du hameau destiné à représenter le Plateau suisse oriental. Tout à l'est se trouve une maison à montants verticaux et plateaux horizontaux qui possède toutes les caractéristiques d'un grand âge. Sur la semelle en chêne assujettie à l'aide de chevilles en bois sont posés des montants qui couvrent les deux étages et viennent se fixer par tenon et mortaise dans les sablières formant le cadre supérieur. Des poutres horizontales étonnamment longues renforcent l'ossature. Au contraire des constructions à colombage plus récentes, la charpente forme des rectangles couchés qui ne sont pas divisés par des croisillons. Ce mode de construction moyen-âgeux était répandu sur une grande partie du Plateau suisse.

Ce bâtiment à buts multiples appartenait au XVIIe siècle à un paysan qui possédait davantage de terres labourées que de prés et pâturages; il combine de façon typique un logement et un rural avec étable et grange. Le propriétaire Jagli Jucker possédait alors quelque 20 ha de terres. Qui aurait dit que dans la vallée de la Töss, où la culture de céréales a quasi disparu, il y avait autrefois de vrais cultivateurs? C'étaient là des familles aisées. On trouve en effet parmi les membres de la famille Ruppen, propriétaire de cette maison au XVIIIe siècle, des hommes qui remplissaient des fonctions importantes au village – ancien d'église, «Ehegaumer», juge.

On est particulièrement frappé par le toit en pente faible et couvert de bardeaux. Il est porté par les montants verticaux qui partent de la semelle. La charpente est tenue dans le sens de la largeur par des entraits qui traversent les combles d'un côté à l'autre, dans le cas présent à 1,20 mètre de hauteur; on doit donc se baisser pour éviter ces poutres quand on se déplace dans cet espace. Les deux côtés de la maison sont ainsi surélevés pour permettre de mieux utiliser la surface disponible. On entreposait là toutes sortes de produits, que la fumée montant de la cuisine séchait et préservait des parasites gloutons. Les chevrons sont suspendus par paires à la panne faîtière et portent les lattes sur lesquelles sont posés les bardeaux. Ces chevrons permettent d'étendre le toit à volonté et sans interruption au-dessus des côtés latéraux de la maison. Il faut alors les soutenir par des aisseliers obliques et une longue panne volante, sur laquelle les charpentiers inscrivaient la sentence désirée par le propriétaire.

On accède au logement par un corridor transversal. Il comporte trois pièces successives: salle de séjour, cuisine et garde-manger. La position centrale de la cuisine est assez spéciale, bien qu'on y

133

Durchgesteckte Schwelle

Sablière traversante

A spigotted sill plate

accède également par le pignon. La fumée du foyer et du poêle de la salle de séjour monte dans une hotte constituée par un tressage de baguettes recouvert d'argile sur ses deux faces. Cette hotte aboutit au niveau du plancher des combles; toutes les étincelles doivent s'être éteintes plus bas.

La résidence des parents retraités se règle différemment dans la maison de Wila que dans le Mittelland bernois. Outre la question des vêtements, des repas et de la boisson, la dévolution de 1818 réserve au père «la résidence libre et gratuite pour lui-même ainsi que le droit de dormir dans la chambre du haut». Cette chambre était située au-dessus du garde-manger. Celle qui se trouvait au-dessus de la salle de séjour était traditionnellement réservée aux parents. Le ménage réunissait ainsi plusieurs générations.

House from Wila ZH

E For the time being, only the houses on one side of the village street of the planned small village from the eastern Mittelland have been built. Farthest east is a post, beam and plank construction having all the characteristics that come with its extreme age. Oak sill plates, which are set into each other and secured with wooden nails, carry the posts which extend vertically through two storeys and are pegged into a frame at the top. Horizontal beams of surprising length strengthen the framework. Unlike in later timber frame constructions the spaces between the frames form rectangles which are not divided up by inclined braces. That was the method of construction in many parts of the Mittelland in the Middle Ages.

This house—a multi-purpose building of a farmer, who owned more arable land than meadows in the seventeenth century—is typically divided. Living quarters are connected with a stall and threshroom/hay loft. In those days the owner, Jagli Jucker, owned about twenty hectars of land. Who would have guessed that in the Tösstal, where corn growing has mostly disappeared today, farmers once lived who ploughed the land. At that time and later they must have been influential families. In fact as proved by records, many of the men holding important positions in the village (judges, church wardens and so-called 'Ehegaumer') were descendants of the owners, the Ruppen family, in the eighteenth century.

134

Dachgerüst mit querverlaufendem Ankerbalken

Charpente du toit avec entraits transversaux

The roof structure with transverse anchor beam

Especially striking is the shallow pitched shingle covered roof. It is supported on vertical posts reaching up from the sill plates. Across the house, from eaves to eaves, tie beams hold the frame together. In the attic they run freely across the room at a height of about 1.2 metres so you have to duck your head if you want to walk about in this room. The walls on the eaves side are drawn up high on both sides so that the room below the roof (the garret) can be used into the farthest corners. This was a practical feature because all kinds of produce were stored here which were dried by the rising and at this point spreading smoke and thus kept free from hungry pests. Pairs of rafters hang down from the ridge beam, and the roof battens bearing the shingles are fastened to them. These rafters allow the expanse of roof to be drawn out as far as desired on the eaves side without any interruption. However, they then have to be supported by inclined braces and a long purlin. This purlin was the place where woodworkers put epigraphs desired by owners.

The living quarters are entered through a passage running across the house and leading to three rooms in succession—the living room, kitchen and pantry. Here, the special feature is the kitchen in the middle, which also can be reached from the gable side. Smoke from the stove and living room heating oven rose into a hood made of daub and wattle (woven hazel coated on both sides with mud). This hood terminated at the level of the garret floor and by then all sparks had to be extinguished.

The house from Wila solves the place for aged parents to live (retired farmer and wife) in a different way than in the Bernese Mittelland. In the inheritance arrangements made in 1818 the old farmer made the proviso, apart from the ruling on clothes, food and drink, 'to have a free, gratuitous place for himself and the right to sleep in the top bedroom'. This top room was the one above the kitchen pantry. By tradition, the room above the living room was the parents' bedroom. Accordingly, several generations lived in the same household.

135
Schüttstein mit Ausguss
L'évier avec son écoulement
The stone sink and drain

136
Hausgang
Corridor du logement
The corridor

137
In der Tenne
Espace réservé à l'aire
In the threshroom

137

M·H·D
1832

Herd und Ofen
Foyers et fourneaux
Cooking and Heating

D Das Licht und Wärme spendende Feuer bildete stets den Mittelpunkt des Wohnhauses, bis es eingeschlossen und verdrängt wurde durch Kochherde, in denen keine Flamme mehr sichtbar ist. In allen Ländern spielte das lebendige Feuer eine grosse Rolle, war umgeben von eindrücklichem Brauchtum und war Bestandteil von Sagen und Märchen. Im Freilichtmuseum sind die Feuerstellen und Öfen so aufgebaut, wie sie in der entsprechenden Region charakteristisch sind und wie sie ins betreffende Haus gehören. So sieht der Besucher die verschiedenen Arten von Heizanlagen, ohne sie allerdings in gegenseitige Beziehung setzen zu können. Versuchen wir daher ein wenig Ordnung hereinzubringen, obschon noch nicht alle Möglichkeiten im Museum verwirklicht sind.

Genau so, wie man bei einer Wanderung auf der Erde ein offenes Feuer entfacht, um Würste zu braten, brannte bestimmt ursprünglich in den Häusern auch ein offenes Feuer auf dem Boden, vielleicht sogar umgeben von Steinplatten.

Im *Haus von Adelboden* flackert das Feuer auf einer ein wenig erhöhten, gemauerten Feuerplatte. Die eisernen Pfannen und Kessel hatten drei Beine oder wurden auf Dreifüssen über die Glut gestellt; andere hängte man an Ketten übers Feuer, und die grossen kupfernen Käsekessel waren mit dem Turner beweglich.

138

Datierte Kachel 1832, Haus von Sachseln

Carreau daté de 1832, maison de Sachseln

A tile dated 1832 in the house from Sachseln

Für die Hausfrau ist es bequemer, Feuer und Pfannen betreuen zu können, ohne sich bücken zu müssen. So ist die Feuerplatte im *Haus von Matten* erhöht, Turner und Dreifuss aber bleiben. Hier ist übrigens in der Mauer noch eine Öffnung für die Bedienung eines Backofens, der nachträglich ausserhalb des Hauses angebaut wurde. Die Feuerstelle im Haus von Matten ist trotz der erhöhten Feuerplatte sehr ursprünglich, liegt sie doch an der Aussenwand, ist also nicht kombiniert mit der Ofenheizung und besitzt weder Rauchfang noch Kamin. Eine Küchendecke ist nicht vorhanden; der Rauch steigt hier frei und ungehindert auf, verflüchtigt sich im Dachraum und hinterlässt über dem Schindeldach einen hellen blauen Schimmer. Das ist demnach ein richtiges Rauchhaus.

Der heutige Besucher fragt sofort: «Ist das denn nicht gefährlich?» Ein offenes Feuer ist immer gefährlich; aber wer zündet denn auf der Feuerstelle ein loderndes, funkenspeiendes Feuer an? Im Gegenteil, die Hausfrau verstand es, ein kleines und Holz sparendes Kochfeuer zu unterhalten, das seine Wärme an die Speisen abgab und nicht nutzlos entweichen liess. Vermutlich waren aber schon in früheren Jahrhunderten nicht alle Leute sparsam, sonst wäre wohl kaum im 16. Jahrhundert ein kluger Kopf auf die Idee gekommen, das Feuer in einen geschlossenen Raum zu verlegen: der Sparherd war erfunden. Bald wurde die «Holzsparungskunst» überall verbreitet, und die Bezeichnung «Kunst» oder «Choust» ist noch heute teils am Herd, teils am Sitzplatz beim Stubenofen hängengeblieben. Im *Taglöhnerhaus von Detligen* ist neben einer offenen Feuerstelle mit dem Kochkessel an einer Kette ein kleiner Sparherd aus Sandstein aufgestellt. Nur eine Pfanne hat hier Platz. Schon etwas mehr Komfort bietet der Herd, in dem man nur kochen kann, im *Haus von Richterswil,* welcher auf einem steinernen Unterbau steht, der ursprünglichen Feuerplatte entsprechend. Hier entweicht der Rauch in den Stubenofen und heizt den gekachelten Sitzplatz, eben die «Choust». Anschliessend wird er in den Kamin geleitet. Im *Haus von Wila* steht der eiserne Herd (die andern waren aus Sandsteinplatten) auf dem Boden; er ist noch niedrig, während jener im *Haus von Ostermundigen* gross ist und in bequeme Höhe reicht. Bei diesen Herden ist meist schon ein Backofen eingebaut, häufig auch seitlich ein Kupfergefäss, in welchem Wasser heiss wird. Es ist wirklich reizvoll, zu verfolgen, wie einfallsreich die Herdstellen ausgenützt und kombiniert werden. Die Küche des *Hauses von Uesslingen* ist bemerkenswert. Hier steht ein kleiner Sparherd aus Sandsteinplatten auf einer Feuerbank, unter der man Holz trocknen kann; daneben findet sich die Öffnung zum Heizen des Stubenofens, die herausgescharrte Asche fällt durch ein Aschenloch in den Aschenbehälter und wird später zum Bereiten der Aschenlauge oder zum Düngen des Gartens verwendet, und als drittes Element fügt sich in der Ecke die grosse Feuerstelle für den Waschkessel oder zum Kochen der Kartoffeln sowie des Schweinefutters an.

Im *Rauchhaus von Matten* ist weder Rauchfang noch Rauchabzug vorhanden. Wände und Dachbalken sind schwarz und glänzend vom Russ. Bei schlechtem Wetter beisst der Rauch in den Augen. Lebten Sie schon einmal im

139

14

141

14

143

14

139

Offene Feuerstelle im Haus von Adelboden

Foyer ouvert dans la maison d'Adelboden

An open hearth in the house from Adelboden

140

Offene Feuerstelle im Rauchhaus von Matten

Foyer ouvert dans la «maison à fumée» de Matten

An open hearth in the 'smoke house' from Matten

141

Offene Feuerstelle und kleiner Sandsteinherd im Taglöhnerhaus von Detligen

Foyer ouvert et petit fourneau en molasse, maison du journalier de Detligen

An open hearth and small sandstone stove in the day labourer's house from Detligen

142

Einfacher Sparherd aus Sandstein, Haus von Richterswil

Fourneau économique simple en molasse, maison de Richterswil

A simple sandstone slow-burning stove in the house from Richterswil

143

Eiserner, kombinierter Sparherd, Haus von Wila

Fourneau économique combiné en fer, maison de Wila

An iron, combined slow-burning stove and oven in the house from Wila

144

Herdanlage mit Sparherd, Ofenheizung und «Buuchherd» zum Waschen

Installation de foyer avec fourneau économique, chauffage de poêle et âtre pour la lessive

A slow-burning combination, stove and oven, in the house from Ostermundigen

145

Grosser, eiserner, kombinierter Sparherd, Haus von Ostermundigen

Grand fourneau économique combiné, en fer, maison d'Ostermundigen

A large, iron, combined slow-burning stove and oven in the house from Ostermundigen

146

Nischenherd im Haus von Sachseln

Fourneau dans une niche de la maison de Sachseln

A stove in a niche in the house from Sachseln

145

146

Winter in einer solchen Küche? Selbst wenn gekocht wird, ist es nicht gemütlich warm! Da ist es im *Haus von Madiswil,* das übrigens auch eine interessante Sandstein-Herdanlage besitzt, doch schon etwas besser. Die Küche reicht durch zwei Geschosse; der Rauch kann also aufsteigen und aufgehängte Würste, Speck und Schinken konservieren. Aber ein Kamin ist auch in dieser Rauchküche nicht zu finden. Dafür lassen verschiedenartig ausgeschnittene Öffnungen in den Wänden den Rauch ins Haus oder ins Freie entweichen. Der Rauch wird nicht nur zum Konservieren von Fleisch, sondern auch zum Trocknen von Getreide benützt; zudem ist er das beste Mittel, um Holzbalken gegen Fäulnis und Schädlinge zu schützen. Das *Haus von Adelboden* gibt den Blick frei in einen aus Bohlen gefügten «Bretterkamin». Damit und mit den später aufkommenden gemauerten Kaminen, die überall anzutreffen sind, kann man den Rauch abfangen und aus dem Haus hinausleiten. Der geflochtene, beidseits mit Lehm verstrichene Kamin im *Haus von Wila* wird «Etterchemi» genannt, weil der frühere Zaun um die Dörfer, der Etter, ebenfalls geflochten war.

Im *Haus von Sachseln* wurde, als man im Keller eine Käserei einbaute, die einen gemauerten Kamin nötig machte, die Herdstelle an die Aussenwand verlegt, und zwar in eine hübsche kleine gemauerte Nische, aus welcher der Rauch in den neuen Kamin geleitet wurde. Häufig ist die Herdstelle mit der Heizung des Stubenofens verbunden. Zwischen Küche und Stube schiebt sich in vielen aus Holz gebauten Häusern, oft als einzige Mauer im Haus, die Feuerwand mit einer Öffnung zum Heizen des Ofens und mit Zügen, welche den Rauch entweder in die Küche (Haus von Matten), in einen Rauchherd (Taglöhnerhaus), in einen Rauchfang (Haus von Ostermundigen) oder direkt in einen Kamin leiten. Im Alpengebiet sind die gemauerten Stubenöfen bekannt. Ein Beispiel dafür steht in der Stube des *Hauses von Adelboden.* Selbstverständlich benützte man die ortsüblichen Materialien, im Wallis zum Beispiel den Speckstein oder im Mittelland den Sandstein, ein solcher Ofen von 1806 steht im *Taglöhnerhaus.* Die verbreiteten Lehmvorkommen im Mittelland ermöglichten schon im Mittelalter das Formen von Kacheln, die anschliessend in Töpferöfen gebrannt wurden. Daher entwickelte sich hier das Hafnergewerbe besonders stark. Schöne Beispiele solcher Kachelöfen mit Ofensitz und Ofentreppe zur Kammer im Obergeschoss stehen im *Haus von Richterswil,* im *Haus von Uesslingen* und im *Haus von Wila.* Ein hübsches Exemplar steht ferner in einer Stube des *Hauses von Madiswil.* Meist stammen diese Öfen aus der Zeit um 1800, da damals ältere, vorher schon vorhandene Öfen ersetzt werden mussten. Nicht selten hat man vom früheren Ofen noch brauchbare Kacheln wiederverwendet. Das zeigt der Kranz beim Ofen im *Haus von Wila,* auf dem übrigens noch Denksprüche einge-

147

Holzbeige, kunstvoll aufgeschichtet

Pile de bois réalisée avec art

A skilfully and artistically built stack of wood

brannt sind: «Ora et labora», «SOLE DEO GLORIA» und «Bedenck dein Ende». Sowohl der Hafnermeister wie auch der Auftraggeber haben sich auf einzelnen Öfen ein bleibendes Denkmal gesetzt. Besonders reizvoll ist die Aufforderung: «Wärmet Euch!» auf einem Ofen von 1886 im *Haus von Ostermundigen.* Über allen Öfen, in denen man in verschiedenen Regionen auch Brot oder Kuchen buk, sind hölzerne Stangen angebracht, an denen man Wäsche zum Trocknen aufhängt.

F Le feu dispensateur de lumière et de chaleur a été au centre des habitations jusqu'à ce qu'il soit enfermé dans des fourneaux et disparaisse ainsi de la vue. Dans tous les pays, la flamme vive a joué un rôle important; elle donnait lieu à des coutumes impressionnantes et formait un élément de contes et légendes. Les foyers et les poêles exposés au Musée en plein air sont caractéristiques de leur région d'origine et de la maison dans laquelle ils sont placés. Le visiteur voit ainsi divers modes de

148

Rauchküche im Haus von Madiswil, links grosse Herdstelle, kombiniert mit Ofenheizung

Cuisine-fumoir de la maison de Madiswil, à gauche le grand foyer, combiné avec un chauffage de poêle

The smoke kitchen in the house from Madiswil; left, a large hearth combined with a heating oven

chauffage, sans toutefois pouvoir les comparer directement. Tentons ici de mettre un peu d'ordre dans nos idéées, quoique le Musée n'épuise pas encore toutes les possibilités qui existent.

Tout comme on fait un feu à même la terre pour y griller des saucisses au cours d'une randonnée, il est certain qu'à l'origine un feu nu brûlait sur le sol des maisons, peut-être entouré de pierres plates.

Dans la *maison d'Adelboden*, le foyer est constitué par une dalle maçonnée à faible hauteur. Les poêles et chaudrons avaient trois pieds ou étaient posés audessus de la braise sur un trépied; d'autres récipients étaient suspendus à des chaînes, et les grands chaudrons à fromage en cuivre se déplaçaient avec la crémaillère.

Il est plus commode pour la ménagère de pouvoir s'occuper du feu et de ses casseroles sans avoir à se baisser. C'est ainsi que la dalle de foyer de la *maison de Matten* est placée à un niveau plus élevé, mais crémaillère et trépied sont toujours là. On constate par ailleurs qu'une ouverture a été ménagée dans le mur pour accéder à un four qui a été construit après coup à l'extérieur de la maison. Malgré sa position élevée, le foyer de la maison de Matten est encore très primitif: placé contre le mur extérieur, il ne se combine pas à un poêle et ne possède ni hotte, ni cheminée. La cuisine est dépourvue de plafond; la fumée monte librement, se dissipe dans les combles et enveloppe le toit de bardeaux d'une auréole bleu clair. Cela fait de ce bâtiment une véritable «maison à fumée».

Le visiteur d'aujourd'hui demande aussitôt: «Mais cela n'est-il pas dangereux?» Un feu nu est toujours dangereux; mais qui se risquerait à faire sur ce genre de foyer une énorme flambée qui crache des étincelles? La ménagère s'y entendait pour entretenir un petit feu économique et limité aux aliments à cuire. Mais il faut supposer que les gens n'ont pas attendu notre époque pour gaspiller, car le XVIe siècle n'aurait sinon pas vu naître l'idée de placer le feu dans un espace fermé: le fourneau économique était inventé. Cet «art d'économiser le bois» s'est bientôt répandu partout et le terme «Kunst» (art) ou «Choust» reste aujourd'hui encore attaché parfois au foyer, parfois au siège qui accompagne de poêle de la salle de séjour.

Dans la *maison du journalier de Detligen*, le foyer ouvert avec chaudron suspendu à une chaîne est flanqué d'un petit fourneau économique en molasse. On ne peut y mettre qu'une seule casserole. On trouve un peu plus de confort avec l'âtre servant uniquement à la cuisson de la *maison de Richterswil*, placé sur une base de pierre correspondant au foyer originel. La fumée s'échappe ici dans le poêle de la salle de séjour et chauffe le siège en faïence ou «Choust», puis monte dans la cheminée. Dans la *maison de Wila*, le fourneau en fer (les autres étaient en plaques de molasse) est posé sur le sol; sa hauteur est encore faible, tandis que celui de la *maison d'Ostermundigen* est grand et atteint une hauteur commode. Ces fourneaux comprennent en général un four et souvent un récipient en cuivre sur le côté, dans lequel de l'eau est mise à chauffer. Il est passionnant de suivre les idées d'utilisations et de combinaisons dont témoignent ces foyers. La cuisine de la *maison d'Uesslingen* est remarquable. On y trouve un petit fourneau économique en plaques de molasse placé sur une dalle de foyer, sous laquelle on peut mettre du bois à sécher. A côté, il y a l'ouverture pour chauffer le poêle de la salle de séjour; la cendre qu'on en retire tombe par un trou dans le cendrier et s'utilise ensuite pour préparer la lessive de cendre ou pour fertiliser le jardin. Le troisième élément, dans le coin, est un grand âtre sur lequel on place un gros chaudron qui sert à la lessive, ainsi qu'à la cuisson des pommes de terre et de la nourriture des cochons.

Ni hotte, ni conduit de fumée dans la *maison de Matten.* Les murs et la charpente de toit sont noirs et luisants de suie. La fumée brûle les yeux par mauvais temps. Avez-vous déjà passé un hiver dans une cuisine de ce genre? Il n'y fait pas chaud, même quand on prépare le repas! La situation est un peu plus favorable dans la *maison de Madiswil*, qui possède d'ailleurs un intéressant foyer en molasse. La cuisine englobe deux étages; la fumée peut donc monter et conserver les saucisses, le lard et les jambons suspendus. Cette cuisine-fumoir ne comporte pas de cheminée non plus.

149

Rauchlöcher, Haus von Madiswil

Trous d'évacuation de la fumée, maison de Madiswil

Smoke openings in the house from Madiswil

Mais diverses ouvertures ménagées dans les parois laissent passer la fumée dans la maison et vers l'extérieur. Non seulement la fumée conserve la viande, mais elle sert à sécher les céréales; elle constitue en outre le meilleur moyen de préserver les poutres en bois de la pourriture et des parasites. La *maison d'Adelboden* permet au regard de plonger dans une «cheminée en planches» formée de madriers. Comme les cheminées en maçonnerie qui lui feront suite, ce système permet de collecter la fumée et de la conduire en-dehors du toit. Dans la *maison de Wila*, la cheminée constituée par un tressage de baguettes recouvert d'argile sur ses deux faces s'appelle une «Etterchemi» du fait que l'ancien enclos des villages, ou «Etter», était également tressé.

Lorsqu'on a installé une fromagerie dans la cave de la *maison de Sachseln*, ce qui nécessitait une cheminée maçonnée, le foyer a été déplacé contre le mur extérieur, dans une jolie petite niche en maçonnerie depuis laquelle la fumée était conduite dans la nouvelle cheminée. Il arrive souvent que l'âtre soit relié au chauffage du poêle de la salle de séjour. Celle-ci est souvent séparée de la cuisine, dans beaucoup de maisons en bois, par le seul mur du bâtiment qui sert de cloison pare-feu; ce mur comporte une ouverture pour chauffer le poêle et des carneaux qui conduisent la fumée soit dans la cuisine (maison de Matten), dans un fourneau à fumée (maison du journalier), dans une hotte (maison d'Ostermundigen) ou directement dans une cheminée. La région des Alpes connaît les poêles en maçonnerie, dont on trouve un exemple dans la salle de séjour de la *maison d'Adelboden.* On utilise bien entendu le matériau disponible localement; en Valais ce sera de la stéatite et sur le Plateau de la molasse, pierre qui a servi à réaliser le four de 1806 qui se trouve dans la *maison du journalier.* Répandue dans la région du Plateau suisse, l'argile a permis de façonner dès le Moyen-Age des carreaux de faïence que l'on cuisait ensuite dans des fours de potier. Le métier de poêlier y a de ce fait particulièrement prospéré. On trouve de beaux exemples de ces poêles en faïence avec siège et escalier menant à la chambre de l'étage dans la *maison de Richterswil* ainsi que dans celles d'*Uesslingen* et de *Wila.* Un joli exemplaire se trouve en outre dans une salle de séjour de la *maison de Madiswil.* Ces poêles datent en général de 1800 environ, les modèles plus anciens ayant dû être remplacés à cette époque-là. Il arrivait souvent qu'on réutilise les carreaux encore en bon état de poêles existants. On le voit à la couronne du poêle de la *maison de Wila,* sur laquelle des sentences sont marquées: «Ora et labora», «SOLE DEO GLORIA» et «Bedenck dein Ende» («Songe à ta fin»). La maître poêlier aussi bien que son client se sont immortalisés sur certains poêles. Un charme certain émane de l'invitation: «Wärmet Euch!» («Chauffez-vous») sur un poêle de 1886 dans la *maison d'Ostermundigen.* Au-dessus de tous les poêles – dans lesquels on cuisait encore du pain ou des tartes dans plusieurs régions – sont disposés des barres en bois sur lesquelles on mettait du linge à sécher.

150

Bretterkamin im Haus von Adelboden

Cheminée en planches dans la maison d'Adelboden

A wood-planked chimney in the house from Adelboden

E The focal point of a dwelling was always the light and heat-giving fire until it was enclosed and surplanted by cooking stoves in which no flames could be seen. Fire played an important role in all countries, was involved in impressive customs and became an element of legends and fairy tales. In the open-air museum fireplaces and ovens have been set up as they were characteristic for their region and as they belonged to the respective house. In this way the visitor sees many kinds of heating systems without, however, being able to bring them into relation with each other. Let us, therefore, try to make this more orderly, even though not all possibilities have been shown, as yet, in the museum.

151

Feuerwand zwischen Küche und Stube, Haus von Sachseln

Mur pare-feu entre cuisine et salle de séjour, maison de Sachseln

The oven and chimney wall between the kitchen and living room in the house from Sachseln

Just like a fire lit to warm food when hiking, it is certain that a similar open fire, perhaps surrounded by stone slabs, originally burned on the floor in houses.

In the *house from Adelboden* the fire flickered on a slightly raised masonry hearth slab. Iron pots and pans had three legs or were put on tripods over the glowing embers. Others were hung over the fire on chains and large copper cheese caldrons were moved by a turning device. For a housewife, it was easier to look after the fire and pots without having to bend. This is why the hearth in the *house from Matten* was raised but still had the tripod and turning device. By the way, an opening was also provided in the masonry here so the baking oven could be used which was built later on the side of the house, outside. The house from Matten had a very primitive though raised fireplace since it was positioned against the outside wall and thus not combinable with the oven heating. Also it had neither a smoke hood nor a chimney. There was no kitchen ceiling: the smoke rose freely, leaving a light blue shimmer across the shingles roof. Accordingly, it was a real curing house. Visitors ask immediately if this is not dangerous. An open fire is always dangerous but who would light a blazing, sparking fire on this fireplace? On the contrary, a housewife knew very well how to maintain a small, wood-saving fire for cooking which heated the food but did not let heat escape wastefully. Probably, however, not all people were so thrifty in earlier centuries otherwise that clever person in the sixteenth century would hardly have had the idea of containing fire—of inventing the slow-burning stove. Soon the art of wood saving had spread everywhere and today, in conjunction with the word art, this is still associated in part with the cooking oven and to some extent with the seat next to the living room heating oven as well.

In the *day labourer's house from Detligen*, a small slow-burning stove made of sandstone is set up next to an open fireplace with a cooking caldron on a chain. There was only room for one pan here. More comfort was offered by the stove, which could be used only for cooking, in the *house from Richterswil.* This stove was mounted on a stone base corresponding to the original slab hearth. Here, the smoke passed into the living room heating oven and warmed the tiled seat. That is the artistic part. Afterwards the smoke was induced into the chimney. The *house from Wila* had an iron stove (the others were made of sandstone slabs). It stood on the floor and was still low built whereas the one in the *house from Ostermundigen* was large and at a comfortable height to use. Normally a baking oven was already built in a stove and there was frequently a copper container on one side in which water could be heated. It is really fascinating to find out how cleverly the stoves were utilized and combined. The kitchen in the *house from Uesslingen* was remarkable. It contained a small slow-burning stove made of sandstone slabs mounted on a raised hearth beneath which wood could be dried. Next to it was an opening to fire the living room heating oven. This heating oven had a grate through which raked ashes dropped into an ashpan and were later used to make lye or to fertilize the garden while, as a third element, the large fireplace for the washing caldron or for boiling potatoes or preparing pig food fitted in one corner.

In the *'smoke house' from Matten* there was neither a smoke hood nor chimney. The walls and roof timbers were black and shining from soot. In bad weather the smoke got in your eyes. Did you ever live in such a kitchen in winter? Even if someone is cooking isn't it comfortably warm! It was already somewhat better in the *house from Madiswil,* which, by the way, had an interesting sandstone cooking range. The kitchen extended through two floors, meaning the smoke could rise and preserve hung

152

Gemauerter Ofen, Haus von Adelboden

Fourneau en maçonnerie, maison d'Adelboden

A stone heating oven in the house from Adelboden

sausage, hams and bacon. Once again, however, there was no chimney in this curing kitchen. Instead, differently cut openings in the walls allowed smoke to escape into the house or outside. Smoke was not used only to preserve meat but also to dry grain. Furthermore, it was the best means of protecting woodwork against rot and pests. A boarded chimney can be seen clearly in the *house from Adelboden.* In it and in masonry chimneys to come later, which are to be seen everywhere, smoke was trapped and taken out of the house. In the *house from Wila* there was a daub and a wattle chimney (woven hazel coated on both sides with mud) and in Switzerland this was given the same name as the fence that was built around villages in the olden days because this, too, was woven.

In the *house from Sachseln* the fireplace was positioned against an outside wall, in fact in a neat small masonry niche from where the smoke was induced into the new chimney. This was done when cheesemaking was set up in the cellar, making a masonry chimney necessary. Often, the place for a cooking range was linked with the heating of the living room oven. In many timber houses the chimney wall was put between the kitchen and the living room, frequently as the only masonry wall in the house. It had an opening for stoking the oven and flue arangements which enabled smoke to pass into the kitchen (house from Matten), in a smoke oven (day labourer's house), in a hood (house from Ostermundigen) or straight into a chimney. Masonry living room heating ovens were well known in alpine areas. An example of one of these was in the living room of the *house from Adelboden.* It goes without saying that materials usual for the area were used, for instance soapstone in Valais or sandstone in the Mittelland. An oven dating from 1806 and made of the latter material was in the *day labourer's house.* Widespread deposits of clay in the Mittelland allowed tiles to be made and fired in a potter's kiln afterwards as far back as the Middle Ages. That is why the potter's trade was particularly well developed here. Beautiful examples of tiled ovens of this kind, having a side seat and adjacent steps leading to the upstairs room, were in the *house from Richterswil,* the *house from Uesslingen* and the *house from Wila.* Furthermore, a charming example can be seen in the living room of the *house from Madiswil.* Most of these ovens originate from the period around 1800 because older existing ovens had to be replaced around that time. It was not unusual for undamaged tiles from the former oven to be reused. This was true of the crown section of the oven in the *house from Wila* which, by the way, bears such mottos and maxims as: 'Ora et labora', 'Sole deo Gloria' and 'Bedenck dein Ende' (ponder your end). Both the master potter and whoever he worked for made monuments unto themselves with individual ovens. Particularly appealing is the invitation 'Wärmet Euch!' (Warm yourself) written on an oven dating from 1886 in the *house from Ostermundigen.* Above all ovens used in various regions, for bread baking or pastry cooking there were wooden rails for hanging up all kinds of washing.

154

Grüner Kachelofen, Ofentreppe, Wärmeloch in die Kammer, Haus von Sachseln

Poêle en faïence verte, escalier du poêle, ouverture de chauffage vers la chambre à coucher, maison de Sachseln

A green tiled oven, steps and heating opening to the bedroom in the house from Sachseln

153

Kachelofen, Haus von Madiswil

Poêle de faïence, maison de Madiswil

A tiled oven in the house from Madiswil

Baugruppe Zentralschweiz
Groupe architectural Suisse centrale
Architectural Unit-Central Switzerland

D Die Zentralschweiz reicht in ihren Randgebieten bis ins Mittelland einerseits, in die Alpen anderseits. Dazwischen schiebt sich eine schmale Zone der Voralpen. Im alpinen Bereich herrscht der Blockbau, während aus dem Mittelland einzelne Elemente des dortigen Ständer- oder Fachwerkbaus übernommen wurden, wie etwa der durchgezapfte Schwellenkranz, Flugdreiecke oder Viertelwalme am Dach sowie vor allem im 19. Jahrhundert Sparrenkonstruktionen als Dachgerüst. Die ursprünglich überall vorhanden gewesenen schwach geneigten Pfetten-Rafendächer wurden seit dem 18. Jahrhundert teilweise ersetzt durch steile Dächer mit Nagelschindeln.

Allenthalben sieht man die Einzelhöfe in den Tälern und an den Berghängen. Wohn- und Wirtschaftsgebäude sind getrennt, sie bilden einen Streuhof. Die Nutzung von Talwiesen/Maiensässen («Berge») und Alpwiesen ermöglicht eine gut ausgebildete Viehzucht. Erst in neuerer Zeit haben sich vereinzelt sekundäre Vielzweckbauten ausgebildet.

F La Suisse centrale s'étend jusqu'au Plateau d'une part et jusqu'aux Alpes de l'autre. Entre les deux s'étire une étroite bande de Préalpes. C'est le montage-bloc (parois en madriers assemblés aux angles à coches) qui domine dans la zone alpine, tandis qu'on retrouve par ailleurs des éléments originaires du Plateau et de ses maisons à poteaux et à colombages – par exemple la couronne de sablières à tenons et mortaises, toits en croupe ou en quart de croupe ainsi que, surtout au XIXe siècle, des charpentes de toiture à chevrons fixes («Sparren»). Les toits à pannes et à chevrons suspendus («Rafen») faiblement inclinés qu'on trouvait partout à l'origine ont été remplacés en partie, depuis le XVIIIe siècle, par des toits à forte pente recouverts de bardeaux cloués.

Les fermes isolées sont disséminées partout dans les vallées et sur les flancs des montagnes. Le bâtiment d'habitation et le rural sont séparés et constituent une ferme dispersée («Streuhof»). L'exploitation de prés et mayens à moyenne altitude («montagnes») et de prairies alpestres a favorisé le développement de l'élevage dans cette région. Plus récemment, des bâtiments à plusieurs fonctions ont été réalisés ici et là.

E The marginal areas of Central Switzerland extend, on the one hand, into the Mittelland and, on the other, into the alps. In between is a narrow strip of lower alps. Log structures dominated in alpine regions while individual features of the Mittelland post and beam or timber frame constructions were taken over such as the inset sill plates, triangular trusses or quarter hips on the roofs as well as, above all, in the nineteenth century, rafter constructions as the roof framework. Shallow pitched purlin and rafter roof, which were found originally everywhere, were replaced in part by steep roofs covered with nailed shingles from the eighteenth century onwards.

On all sides single farmsteads could be seen in the valleys and on mountain slopes. The residential house and farming building were separated forming a scattered farmstead. Utilization of valley meadows/spring pastures and alpine pastures made well advanced cattle breeding possible. Only in modern times have secondary multi-purpose buildings developed here and there.

156

Haus von Sachseln

Maison de Sachseln

House from Sachseln

Haus von Sachseln OW

D Ein stolzes, hochgiebliges Wohnhaus! Aber das war nicht immer so. Schon bei den ersten Untersuchungen und während des Abbaus stellten wir fest, dass verschiedene Umbauten im Laufe der Zeit das Aussehen dieses Hauses verändert hatten. Mit ziemlicher Sicherheit kann man sagen, es stamme aus der ersten Hälfte des 17. Jahrhunderts; darauf deutet auch ein noch erhaltenes Brett mit der eingelegten Jahrzahl 1636, das sich aber bestimmt ursprünglich an einem Möbelstück befunden hat. Damals war das Haus nachweisbar niedriger und von einem schwach geneigten Schindeldach mit Schwersteinen bedeckt. Diese «Tätschdächer» sind da und dort in Obwalden noch heute anzutreffen.

Nach den eindeutigen Befunden wäre es möglich gewesen, das Haus von Sachseln in seinen «Urzustand» zurückzuversetzen. Über diese Möglichkeit wurde eingehend diskutiert, insbesondere weil im Wohngeschoss noch einzelne sehr schön gearbeitete Türpfosten aus Nussbaumholz erhalten waren. Das Haus musste demnach einem begüterten Besitzer gehört haben. Die Überlegung, hier einen Bau im Museum wiederaufzustellen, wie er vor etwa 100 Jahren ausgesehen hat, war aber entscheidend. In der Mitte des 19. Jahrhunderts waren erste wesentliche Veränderungen vorgenommen worden. Die alte Rauchküche, ehemals offen bis unters Dach, wurde durch den Einzug einer Küchendecke aufgegeben. Das war bestimmt ein Fortschritt! Gleichzeitig dürfte im Keller eine Käserei eingerichtet, aussen am Haus ein schräggeführter Kamin hochgezogen und die Herdstelle in eine Nische des neu errichteten Kamins verlegt worden sein. Durch den Einbau der Küchendecke konnte man im gewonnenen Raum des Obergeschosses zusätzliche Kammern einrichten, dabei musste man auch die Innentreppe verlegen. Das ganze Haus wurde schliesslich aufgestockt. Es erhielt einen Steilgiebel, und das ursprüngliche Rafendach wurde ersetzt durch ein Sparrendach mit stehendem Stuhl. Aussen am Giebel wurden hübsche Flugsparrendreiecke angebracht und die Hauptseite des Hauses mit Kleb- und Vordächern geschmückt. Gewöhnlich wird angenommen, solche Klebdächer dienten als Schutz vor Unwettern. Hier kann man aber feststellen, dass sie sich auf der wetterabgekehrten Schauseite des Hauses befinden, sie machen demnach das Haus repräsentativ.

157

157

Vordächer an der Giebelseite

Avant-toits sur la façade à pignon

Lean-to roofs (canopies) on the gable side

158

Küche mit Esstisch

Cuisine avec la table où on mange

Kitchen with dining table

Ende des 19. Jahrhunderts wurden die Fenster im Wohngeschoss vergrössert und dabei die umlaufenden Friesbalken zersägt. Einige weitere Änderungen und der neuerliche Ausbau der Käserei im Keller gehören schon ins laufende Jahrhundert.

Auch Häuser sind Änderungen unterworfen. Sie leben und werden den Bedürfnissen der Bewohner angepasst. Diese Veränderungen sind am Haus von Sachseln eindeutig zu belegen und offensichtlich. Daher wurde es im übernommenen Zustand wieder aufgebaut und nur die allerletzten Eingriffe weggelassen. So entspricht das Haus einem im 18. und 19. Jahrhundert häufigen Bestreben, aus einem einfachen Bau einen steilgiebligen, repräsentativen zu machen.

Das Haus von Sachseln bildet den Anfang eines ganzen Streuhofes; damit er vollständig wird, sollen später ein Speicher mit Altenwohnung und eine Stallscheune dazu gebaut werden.

158

Maison de Sachseln OW

F Que voilà une fière maison à pignon élevé! Mais il n'en a pas toujours été ainsi. Dès les premières visites et lors du démontage, nous avons constaté que diverses transformations ont modifié l'apparence de cette habitation au cours du temps. On a de bonnes raisons d'affirmer qu'elle date de la première moitié du XVIIe siècle; cette hypothèse est confirmée par une planche portant le millésime 1636, laquelle faisait certainement partie, à l'origine, d'une pièce de mobilier. On a la preuve que la maison était alors plus basse et couverte d'un toit de bardeaux faiblement incliné et garni de lourdes pierres. On retrouve encore quelques-uns de ces «Täschdächer» ici et là dans le canton d'Obwald.

Les constatations faites sur place auraient permis de remettre la maison de Sachseln dans son état «originel». Cette possibilité a été discutée en détail, en particulier du fait qu'on trouvait encore des montants de portes en noyer magnifiquement travaillés dans l'étage habité. Le propriétaire de cette maison devait donc être riche. Mais c'est l'idée de reconstruire au Musée une maison telle qu'elle apparaissait il y a cent ans environ qui l'a emporté. Les premières transformations importantes ont été faites au milieu du XIXe siècle. La vieille cuisine à fumée, ouverte à l'origine jusque sous le toit, a été fermée à hauteur «normale» par un plafond – ce qui était sans aucun doute un progrès! C'est probablement en même temps qu'on a aménagé une fromagerie dans la cave, qu'une cheminée oblique a été construite sur l'extérieur de la maison et que le foyer a été déplacé dans une niche de la nouvelle cheminée. Le nouveau plafond de cuisine a permis d'ajouter des chambres à l'étage; il a donc fallu déplacer également l'escalier intérieur. Et finalement toute la maison a été surélevée et garnie d'un pignon à forte pente; le toit original à chevrons suspendus («Rafendach») a été remplacé par un toit à chevrons fixes («Sparrendach») avec poinçon, des pièces joliment travaillées sont venues supporter les chevrons volants à l'extérieur du pignon et la façade principale de la maison a été ornée d'avant-toits et d'au-

159

Diagonal gegenüber dem Stubenofen befindet sich die Sitzecke mit dem Schiefertisch und dem «Hergottswinkel».

Obliquement par rapport au poêle de la salle de séjour se trouve le coin où l'on s'assied, avec la table en ardoise et le «Hergottswinkel» («coin du Seigneur»).

Diagonally opposite the living room heating oven is the corner bench with a slate table and the holy corner.

160

Prächtige Buffets gehörten in jede Stube.

Un buffet magnifique faisait obligatoirement partie de toute salle de séjour.

A splendid buffet belongs in every living room.

159

160

161
Schlafkammer
Chambre à coucher
A bedroom

162
Sekretär in der Kammer
Secrétaire dans la chambre
A desk in the bedroom

vents. On suppose en général que ces toits accolés servent de protection contre les intempéries. Mais on constate ici qu'ils se trouvent sur la façade abritée de la maison, donc qu'ils ont une fonction représentative.

A la fin du XIXe siècle les fenêtres ont été agrandies à l'étage du logement, ce qui fait qu'on a scié les poutres de frise qui en faisaient le tour. Quelques autres transformations, ainsi que la modernisation de la fromagerie dans la cave, ont été réalisées au cours de notre siècle.

Les maisons aussi changent. Elles vivent en s'adaptant aux besoins de leurs habitants. Dans le cas de la maison de Sachseln, ces transformations sont parfaitement vérifiables et évidentes. C'est pourquoi nous l'avons reconstruite dans l'état où nous l'avons trouvée, n'en supprimant que les toutes dernières interventions. Cette maison exprime ainsi une tendance fréquente aux XVIIIe et XIXe siècles, laquelle consiste à faire d'un bâtiment simple une demeure à pignon élevé représentative.

La maison de Sachseln forme le point de départ de toute une ferme dispersée; par la suite, elle sera complétée par un grenier avec logement des parents retraités et par une étable avec grange.

House from Sachseln OW

E It was a dignified house with high gables. However, this was not always the case. Even during the initial examinations and while taking the house apart it was found that various conversions had changed the appearance of the house in the course of time.

Almost with absolute certainty it may be said to originate from the first half of the seventeenth century. This is also indicated by a preserved plank having an inlaid date of 1636, which, was certainly part of a piece of furniture originally. Records document that at that time the house was lower and covered by a shallow-pitch shingles roof bearing heavy stones. Even today this kind of roof can still be found here and there in Obwalden.

Using the clear information in our possession, it would have been possible to rebuild the house from Sachseln in its «original form». This possibility was discussed extensively, especially since extremely beautifully worked individual walnut door posts were still preserved in the living quarters. This showed the house must have belonged to a wealthy man. Decisive, however, was the consideration of re-erecting a building here in the museum as it looked about one hundred years ago. Initial major changes were undertaken in the middle of the nineteenth century. The old smoke (curing) kitchen formerly open up to the roof, was converted by installing a kitchen ceiling. That was certainly an advancement! At the same time the cellar was equipped for cheese making, a chimney taken up diagonally on the outside of the house and the cooking range relocated in a niche of the newly installed chimney. By putting in a kitchen ceiling additional rooms could be gained from the extra space on the top floor, but the inside stairway had to be repositioned for them. Finally, the entire house was given another floor, a steep gable was built on, the original rafter roof was replaced by a purlin structure on a bearing frame, outside on the gable attractive purlin trusses were built on and the front of the house made decorative with lean-to roofs (canopies). It is generally assumed that these lean-to roofs served as protection against inclement weather. Here, however, it can be seen

163
Schlafkammer
Chambre à coucher
A bedroom

164
Käserei im Keller mit Käskessel am Turner
Fromagerie dans la cave, avec chaudron à fromage suspendu à la potence
The cellar for cheese making with the cheese caldron on the turning device

they were also on the sheltered side of the house and, were intended to make the house more impressive. At the end of the nineteenth century the windows in the living quarters were enlarged and, while doing so, the surrounding decorative beam was sawn up. Some other changes and further expansion of the cheese making equipment in the cellar were done in the present century.

Houses, too, are subject to change. They 'live' and are adapted to suit the needs of the occupants. These changes can be documented and are apparent on the house from Sachseln. This is why it was rebuilt in the condition it was taken over and only the most recent alterations left away. Thus this house illustrates the frequent attempts made in the eighteenth and nineteenth centuries to turn a simple structure into an impressive one with steep pitch gables.

The house from Sachseln is the beginning of an entire scattered farmstead. To complete it a storehouse with a retired farmer's dwelling and a barn with stalls should be built near it later.

Baugruppe Berner Oberland
Groupe architectural Oberland bernois
Architectural Unit – Bernese Oberland

D Da das Freilichtmuseum Ballenberg im Berner Oberland liegt, ist es selbstverständlich, dass diese Region in einer eigenen Baugruppe dargestellt wird. Zudem weist das Berner Oberland einige charakteristische Hausformen auf, die zudem eine hervorragende handwerkliche Arbeit zeigen.

Die typische Konstruktion dieses Gebietes ist der Blockbau. Zwar kommen auch vereinzelt andere Konstruktionen vor, aber sie sind für das Siedlungsbild nicht entscheidend oder nur in einzelnen Bereichen vertreten. Beim Blockbau sind die horizontalen Balken («Flecken» oder «Flecklinge») vor den Enden ausgeschnitten und werden kreuzweise übereinandergelegt, so dass sie einen festen Block bilden. Die Giebelwände werden hochgezogen und tragen die in der Firstrichtung verlaufenden Pfetten, über welche die Rafen gelegt werden, die den Dachbelag tragen. Die Dächer sind daher gerade und schwach geneigt, damit die aufgelegten, mit Steinen beschwerten Schindeln nicht abrutschen. Nagelschindeldächer sind späteren Datums und können steiler sein.

Pfetten, Pfettenkonsolen und insbesondere die Giebelwand sind ornamental gestaltet, mit durchlaufenden Friesen versehen, nicht selten trifft man auch bemalte Fassaden. Neben diesen Einzelheiten sind es aber insbesondere die harmonischen Proportionen des Hauses, der Geschosse, der Fenster und Türen sowie die seitlichen Lauben und Treppen, welche die Bauten zu wirklichen Kunstwerken werden lassen.

Wohnhaus und Wirtschaftsgebäude stehen gewöhnlich getrennt. Erst in den letzten Jahrhunderten haben sich nachträglich entstandene Vielzweckbauten ausgebildet, bei denen der Wirtschaftsteil an der rückwärtigen Giebelwand des Wohnhauses angehängt wird (Simmental) oder seitlich unter einem First (Kandertäler, Beispiel Haus von Adelboden) oder seltener und vor allem auf den Vorweiden unter das Wohngeschoss zu liegen kommt. Diese Hofbildung, auch alpiner Streuhof genannt, ist sowohl in Einzelhofgebieten wie in dörflichen Zentren anzutreffen. Bei den Wirtschaftsbauten sind selbstverständlich die Stall-Scheunen und die Heuställe wichtig, daneben sind Back- und Dörrhäuser, Speicher und Schöpfe vorhanden. Auf den Vorweiden und Alpen kommen noch die Bauten für die Käseherstellung dazu.

165

Flugbild, Baugruppe Berner Oberland

Vue aérienne du groupe architectural Oberland bernois

Aerial view of Bernese Oberland architectural unit

166

Plan der Baugruppe

Plan du groupe architectural

Plan of architectural unit

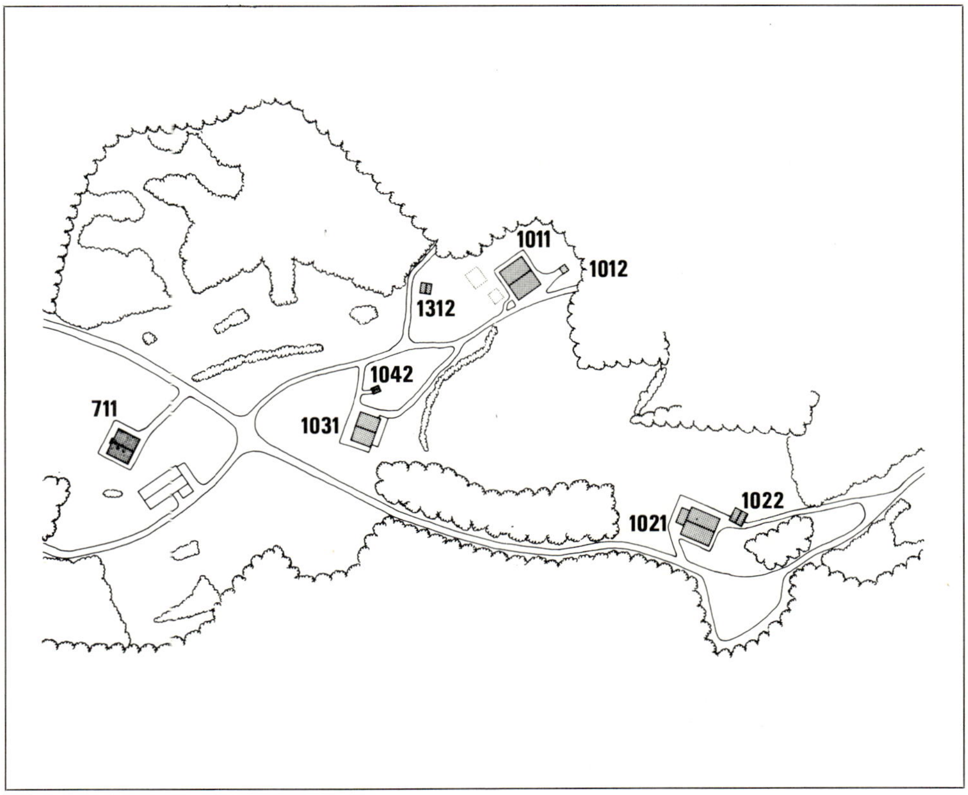

Comme le Musée en plein air de Ballenberg se trouve dans l'Oberland bernois, il est tout naturel que cette région soit représentée par son propre groupe architectural. Par ailleurs, l'Oberland bernois possède quelques formes de construction caractéristiques qui témoignent en outre d'un remarquable travail artisanal.

Le mode de construction typique de cette région est le montage-bloc («Blockbau»). On rencontre parfois d'autres constructions, mais celles-ci ne dominent jamais ou bien sont limitées à des parties de bâtiments. Le montage-bloc consiste à faire des coches près de extrémités de madriers horizontaux («Flecken» ou «Flecklinge») et à poser ceux-ci en croix les uns sur les autres de manière à former un bloc solide. Les façades à pignon portent les pannes parallèles au faîte, sur lesquelles sont posés les chevrons suspendus («Rafen») qui portent la couverture de toit. Ce sont donc des toits à deux pans peu inclinés, pour que les bardeaux maintenus par des pierres ne glissent pas. Les toits de bardeaux cloués sont plus récents et peuvent être davantage inclinés.

Têtes de pannes, consoles et surtout les façades à pignon elles-mêmes sont ornementées, garnies de frises et parfois peintes. Les détails mis à part, ce sont essentiellement les proportions harmonieuses de la maison, des étages, des fenêtres et des portes, ainsi que les galeries et escaliers extérieurs qui font de ces constructions de véritables œuvres d'art.

Habitation et bâtiment d'exploitation sont généralement séparés. C'est seulement au cours des siècles derniers que de nouveaux bâtiments à buts multiples ont été construits, avec les locaux d'exploitation ajoutés au pignon arrière de la maison (Simmental), latéralement sous un faîtage (vallée de la Kander, par exemple maison d'Adelboden) ou, plus rarement et surtout dans les alpages, sous l'étage habité. Cette forme d'exploitations avec annexes existe aussi bien dans les régions à fermes isolées que dans les centres villageois. Il y a les bâtiments essentiels pour abriter le bétail et les provisions de fourrage, des fenils avec étable, ainsi que des fours à pain et à sécher les fruits, des greniers et des remises. On trouve en outre sur les hauteurs des cabanes affectées à la fabrication du fromage.

Seeing as the Ballenberg Open-Air Museum is situated in the Bernese Oberland, it is obvious that this region is presented as a separate architectural unit. Furthermore, there are some characteristic styles of houses in the Bernese Oberland produced by excellent craftsmen.

Typical of this region was the block house or log type of construction. Although one or two other styles were found they are not a main feature of a community's appearance or are only represented in separate areas. In log construction the horizontal rough-cut timbers were recessed just before the ends and these ends were laid across and set into each other, forming a rigid block. The gable side walls were taken up high and supported purlins running in the direction of the ridge, across which rafters carrying the roof covering were laid. Consequently, the roofs were straight and had a shallow pitch so that the laid-in-place shingles, that were weighed down with stones, could not slip out of place. Nailed shingle roofs came later and were steeper.

The purlins, purlin supports and especially the gable side wall are of ornamental design, having decorative trimming across the width of the house while painted facings were not seldom either. Apart from these details, the sophisticated proportions of the house, the floors, the windows and doors as well as the side balconies and steps in particular make the buildings real works of art.

Usually, there was a separate residential house and farm building. Only in recent centuries did multi-purpose buildings subsequently evolve where the farming section was attached to the rear gable wall of the living quarters (Simmen Valley) or on the side below a ridge (Kander Valleys) as shown by the house from Adelboden, or, less often but above all on lower pastures they were below the living quarters. This form of farmstead, also referred to as a scattered or spread farm, is encountered both in areas of single farmsteads and in the middle of villages. Among farm buildings the stalls-cum-barns and hay lofts were, of course important and then also the baking and drying houses, storehouses and huts. In addition, there were also buildings on the lower pastures and alpine pastures for making cheese.

Haus von Adelboden BE

Die stolze Inschrift des selbstbewussten Erbauers: «Diss Haus Baut Thomas Gyger har Als Er 77 Jahr alt Wahr Und Sein Weib 71 Zelt Ist so gebohren auff die weld», kündet das Baudatum 1698. Überhaupt ist das Haus auf den beiden wichtigen Seiten mit verschiedenen weiteren Schriftbändern verziert, in denen der Schutz und Segen Gottes herabgefleht wird oder Psalmensprüche zu besinnlichem Verweilen auffordern. Um ganz sicher zu sein, benützte man aber zusätzlich magische Vorkehrungen, wie Äste an der Dachkante (andere sagen, diese sollen den Wind brechen, damit die Schindeln nicht abgehoben werden) oder Verpflockungen, bei denen Geissbockhaare mittels eines Pflockes in der Stubenwand befestigt sind, einen in der Stube hängenden Schutzbrief oder magische Zeichen über der Türe (Drudenfuss).

Das Haus von Adelboden lässt uns damit einen Blick tun in die damalige Welt, in der man sich mit verschiedenen Mitteln gegen geheimnisvolle oder unheilbringende Mächte sichern wollte. Aber daneben stellt es ein aus der Erfahrung mehrerer Generationen herangewachsenes, den wirtschaftlichen Bedürfnissen angepasstes Haus dar. Es ist ein Vielzweckbau, bei dem Wohn- und Wirtschaftsteil nebeneinanderliegen. Für das Vieh braucht man einen Stall und einen Heuraum, für den Menschen ausser den Wohnräumen noch Keller und eine Werkstätte, denn in den Bergtälern der Kander wohnten meist Bauern, die verhältnismässig wenig Land besassen und mit ihren vielköpfigen Familien auf einen Zusatzverdienst angewiesen waren. In Adelboden machte man im 19. Jahrhundert kleine Zündholzschachteln, vorher stellte man wollene und leinene Tücher her.

Im Wohngeschoss, über eine Treppe seitlich zugänglich, tritt man durch die

Haustüre in die Küche, wo die niedrige Platte der Feuerstelle auffällt. Sie ist seitlich kombiniert mit der Öffnung zum Heizen des Stubenofens, während der Rauch durch einen konischen Bretterkamin abzieht, der über dem Dach mit einem beweglichen Deckel verschlossen werden kann. Neben der Küche ist ebenfalls bergseitig eine kleine, kühle Speisekammer zu finden; auf der Talseite dagegen liegen Stube und Kammer, beide mit Schiebebetten versehen. Im unteren Bett, das tagsüber versorgt werden konnte, schliefen die Kinder, im oberen die Eltern. Von der Küche führt ein Verbindungsgang in den Heuraum.

Selbstverständlich handelt es sich beim Haus von Adelboden um einen Blockbau, dessen Giebelseite durch querverlaufende Schriftbänder und teilweise bemalte Friesbalken gegliedert wird. Nur auf der Traufseite des Wohnteils sind Lauben vorhanden. Das schwach geneigte Rafendach ist mit Schindeln, Schwerhölzern und Steinen bedeckt.

Maison d'Adelboden BE

F

La fière inscription du bâtisseur: «Diss Haus Baut Thomas Gyger har Als Er 77 Jahr alt Wahr Und Sein Weib 71 Zelt Ist so gebohren auff die weld» («Cette maison a été construite par Thomas Gyger Quand il avait 77 ans Et sa femme en comptait 71 Est ainsi venu au monde») indique 1698 comme date de la construction. Les deux façades importantes de la maison sont marquées d'autres inscriptions encore, pour implorer la protection et la bénédiction divines ou pour exhorter à la méditation. Mais pour prendre un maximum de précautions on utilisait en plus la magie, par exemple en fixant des branches au bord du toit (certains disent qu'elles sont là pour couper le vent et empêcher les bardeaux d'être emportés), ou bien en fixant des poils de bouc par une cheville dans la paroi de la salle de séjour, par un sauf-conduit suspendu dans la pièce de séjour ou par des signes magiques au-dessus de la porte (pentacle).

La maison d'Adelboden nous permet ainsi de jeter un regard sur l'époque où on voulait se préserver par divers

168

168

Blockhölzer an einer Hausecke

Assemblage de madriers équarris à un angle de la maison

Rough-cut timbers at a corner of the house

16

170

170

Feuerstelle mit Kessel und Turner

Foyer avec chaudron suspendu

Hearth with caldron and turning device

171

171

In der Speisekammer

Dans le garde-manger

In the pantry

moyens des forces occultes ou maléfiques. Mais cette construction témoigne également de l'expérience pratique de nombreuses générations par son adaptation aux besoins économiques. C'est un bâtiment à buts multiples dans lequel logement et locaux d'exploitation sont placés côte à côte. Pour le bétail une étable et une grange, pour les gens une cave et un atelier en plus des pièces d'habitation, car les vallées alpestres de la Kander étaient habitées par des paysans qui possédaient généralement peu de terres et avaient besoin d'un gain complémentaire pour nourrir leur nombreuse famille. A Adelboden on fabriquait encore de petites boîtes d'allumettes au XIXe siècle, alors qu'auparavant on y produisait des draps de laine et de lin.

172

172

Tisch in der Stube

Table de la salle de séjour

A table in the living room

A l'étage du logement, on accède par un escalier latéral à la porte d'entrée qui donne sur la cuisine, où on est frappé par la dalle basse qui sert d'âtre. Ce foyer est combiné avec le chauffage du poêle de la salle de séjour; la fumée s'échappe par une cheminée pyramidale en planches, qui peut être fermée à son sommet par un couvercle mobile. A côté de la cuisine et aussi du côté montagne se trouve un petit garde-manger qui reste frais; côté vallée, la salle de séjour et une chambre, toutes deux avec des lits à tiroir. Dans le lit inférieur, qui pouvait être escamoté le jour, dormaient les enfants et dans le lit du haut les parents. Un corridor mène de la cuisine dans la grange.

La maison d'Adelboden est bien entendu un exemple de montage-bloc, dont la façade à pignon est articulée par des inscriptions horizontales et par des poutres de frise en partie peintes. Les galeries se limitent à la partie latérale du côté logement. Le toit à chevrons suspendus faiblement incliné est couvert de bardeaux, de lourdes perches et de pierres.

174
Verpflockung in der Stubenwand
«Chevillage» dans la parois de la salle de séjour
Hair staked to the living room wall

173

House from Adelboden BE

Translated, the bold epigraph of the proud builder of this house states 'Thomas Gyger built this house when he was 77 years old and his wife 71, so it came upon the world', thus indicating it was built in 1698. Various other inscriptions decorating the two main sides of the house entreat God's protection and blessing while verses from the Psalms beseech you to dwell in contemplation. To be doubly sure, however, superstitious precautions were taken such as putting branches on the edges of the roof (others say this is intended to break the wind so that shingles are not lifted) or he-goat's hair staked to the living room wall, a protective letter hanging in the living room or magic symbols over the doors (pentagram).

In this way the house from Adelboden gives us insight into life at that time when people wanted to safeguard themselves with various means against the sinister or forces of evil. At the same time, however, it was a house adapted on the basis of the experience of several generations for the job it had to do. It was a multi-purpose building having the living and farming sections next to each other. There was a stall and hay loft for the cattle and, in addition to the living quarters, a cellar and workshop for the occupants because most farmers living in the Kander mountain valleys owned relatively little land and were dependent upon additional income for their large families. In the nineteenth century small matchboxes were made in Adelboden and before that wool and linen cloth.

The house door opened into the kitchen in the living quarters which were accessible from the side by climbing some steps. A striking feature in the kitchen was the low slab hearth of the fireplace. At the side it was combined

176

175

176

Dach mit Tannast

Toit avec branche de sapin

The roof showing a pine branch

with the opening for firing the living room heating oven. The smoke was taken off in a conical plank chimney which could be closed above the roof by means of a moving cover. A small, cool pantry was located next to the kitchen, towards the mountain, whereas the living room and bedroom, both having trunckle beds, were on the valley side. The children slept in the lower bed, which could be put away in the daytime, the parents in the upper bed. A corridor connected the kitchen with the hay loft.

It goes without saying that the house from Adelboden was a log construction having transverse inscribed and partially painted decorative timbers forming the gable side. There were balconies only on the eaves side of the living quarters. The shallow-pitch rafter roof was covered with shingles, heavy timbers and stones.

Holz als Werkstoff

D Wie geschickt können doch Hüterjungen mit Holz umgehen! Unter ihren Händen und nur mit einem einfachen Messer entstehen beschnitzte Löffel oder verzierte Stäbe. Noch schönere Dinge und zum Teil wirklich kunstvolle Erzeugnisse verfertigen handwerklich gut ausgebildete Leute. Mit diesem Werkstoff haben sich Menschen seit Jahrhunderten beschäftigt und Zimmerleute hervorragende Bauwerke geschaffen. Daneben aber wird Holz auch für einfachste und anspruchsloseste Gegenstände benützt. So vielfältig lässt es sich brauchen.

Mit Werkzeugen, deren geradezu klassische Formen sich aus einer jahrhundertelangen Erfahrung herauskristallisierten, oder mit ausgeklügelten praktischen Maschinen als Hilfsmittel konnte man alles mögliche herstellen. So steht im Museum eine vom Handwerker selbst erfundene Maschine zum Biegen der Späne für die Herstellung von Käsringen («Järb»). Daneben sieht man einfache Drehbänke, Sägen und Bohrmaschinen; alle wurden mit den Füssen angetrieben, ein Schwungrad sorgte für die gleichmässige Bewegung.

Im Tal von Adelboden stellte man einfache kleine Schachteln für Zündhölzer her, sogenannte «Trückli». In der Werkstatt des Hauses von Adelboden führte ein Mann, der selbst viele Jahre lang solche Schachteln hergestellt hatte, vor, wie das gemacht wurde. Einige initiative Adelbodner Frauen haben sogar wieder angefangen, dieses typische Handwerk des letzten Jahrhunderts auszuüben.

Grosse Späne aus ausgewähltem Holz brauchen die Hersteller von Spanschachteln, die man gerne zur Aufbewahrung von allerhand Kleingegenständen, von Knöpfen, Nadeln und Schmuckstücken oder gar von Hüten brauchte. Vor den Augen der Besucher entstehen im Museum die hübschen Schachteln, die auch – genauso wie die «Trückli» – von künstlerisch begabten Frauen mit reizvollen Farben, Mustern und Ornamenten bemalt werden. Heute bilden solche Schachteln beliebte Geschenkgegenstände.

Im Haus von Brienz arbeitet zeitweise ein Schnitzer, dessen geschickte Hände mit mannigfachen Werkzeugen aus einem rohen Holzklotz verschiedenste Figuren, Menschen oder Tiere entstehen lassen, schön verzierte Holzteller oder Gefässe herstellen.

Le bois – matière première

F Avec quelle habileté les jeunes gardiens de troupeaux travaillent le bois! Il leur suffit d'un simple couteau pour tailler des cuillers et des baguettes ornementées. Des choses encore plus belles et parfois de véritables objets d'art sont produits par les gens qui disposent d'une formation d'artisan. Cela fait bien des siècles que l'homme se sert de ce matériau et que les charpentiers en font d'étonnantes constructions. Mais le bois s'utilise aussi pour faire les objets les plus simples et les plus ordinaires. Il offre d'innombrables possibilités.

A l'aide d'outils dont les formes classiques sont issues d'une expérience séculaire ou grâce à des machines pratiques et intelligemment conçues, on pouvait fabriquer des objets extrêmement divers. C'est ainsi qu'on peut voir au Musée une machine inventée par l'artisan lui-même pour plier les copeaux destinés à la fabrication de cercles de fromages («Järb»). On y voit en outre des machines simples pour tourner, scier et percer; toutes étaient mues par les pieds et un volant assurait la régularité du mouvement.

Dans la vallée d'Adelboden on fabriquait de simples petites boîtes pour les allumettes appelées «Trückli». Un homme qui avait lui-même produit ces boîtes durant de longues années a fait la démonstration de ce travail dans l'atelier de la maison d'Adelboden. Quelques femmes entreprenantes d'Adelboden ont même recommencé, ces dernières années, à exercer cette activité typique du siècle passé.

Pour fabriquer ces boîtes appréciées dans lesquelles ont rangeait toutes sortes de petits objets – boutons, épingles, bijoux ou même chapeaux –, il fallait disposer de grands copeaux de bois sélectionné. Le visiteur du Musée voit se réaliser les jolies boîtes qui, tout comme

les «Trückli», sont ornées de charmantes peintures par des femmes qui sont de véritables artistes. Ces boîtes constituent aujourd'hui des cadeaux fort appréciés.

Dans la maison de Brienz travaille par moments un sculpteur sur bois dont les mains habiles façonnent un bloc de bois brut à l'aide de toutes sortes d'outils pour produire diverses formes, êtres humains ou animaux, des assiettes en bois ou des récipients aux belles ornementations.

178

Käseringe

Cercles de fromages

Cheese rings

179

Verschiedene Werkzeuge

Divers outils

Various tools

180

Ausstellung alter Maschinen für die Holzbearbeitung im Haus von Ostermundigen

Exposition d'anciennes machines à travailler le bois dans la maison d'Ostermundigen

Exhibition of old machines for woodworking in the house from Ostermundigen

181

Der «Trückli»-Macher an der Arbeit

Le fabricant de «Trückli» (boîtes à allumettes) au travail

A matchbox maker at work

Wood to work with

E How skilful young herdsmen can be with wood! Using only a simple knife in their hands, they create carved spoons or decorative canes. Even more beautiful things and in some cases real works of art are made by people well trained in arts and crafts. Man has worked this material and carpenters have built magnificent structures with it for centuries. Then again, wood is also used for the simplest and most modest things. That is how versatile it is in use.

With the aid of tools whose really classical shapes have crystallized from centuries of experience, or using cleverly built, practical machines as aids, all kinds of things could be made. Thus, in the museum, there is a handworker's own design of machine for bending wood shavings to make cheese rings. Next to it simple lathes, saws and drills can be seen. All had foot pedals and a flywheel maintained uniform motion.

In the valley of Adelboden simple, small boxes for matches were manufactured. In the workshop in the house from Adelboden a man, who himself made boxes of this kind for many years, used to demonstrate how this was done. Some Adelboden women of initiative have again started practising this typical handicraft from the last century over the past few years.

182

Holzschnitzer an der Arbeit

Sculpteur sur bois au travail

A woodcarver at work

Large chips and shavings of selected wood were needed by the makers of wood shaving boxes which people like to use to keep all kinds of bric-à-brac, from buttons to needles, jewellery or even hats. These pretty boxes are made before the eyes of visitors in the museum and they, just like the match-boxes, are painted with attractive colours, patterns and motifs by women with an artistic flair.

A woodcarver works part of the time in the house from Brienz. In his skilful hands many tools produce a whole variety of figures, people or animals or beautifully ornate wooden plates or containers from a rough block of wood.

183

Es entstehen grössere Spanschachteln

On réalise aussi de grandes boîtes en copeaux de bois.

Larger wood shaving boxes in the making

Siedherd für Ampferfutter von Adelboden BE

D Auf überdüngten Böden wächst der Alpenampfer, dessen grosse Blätter mit ihren fleischigen Stielen als Schweinefutter gebraucht werden. Man muss die Blätter sieden, dazu dient eine einfache Feuerstelle im Freien, die oft überdacht ist. Anschliessend lässt man die Masse abtropfen und füllt sie in Holztröge, bis man mit einem Stecheisen davon absticht, um sie zu verfüttern.

Foyer à «lampés» d'Adelboden BE

F Sur les sols fertilisés à l'excès poussent les «lampés» (oseille des Alpes) dont les grandes feuilles et les tiges charnues servent de nourriture pour les cochons. Il faut faire bouillir ces feuilles; on utilise pour cela un simple foyer en plein air, souvent abrité par un toit. On laisse égoutter la masse qui sort du chaudron et on la met dans des baquets en bois, puis on prélève avec un crochet en fer ce qu'il faut pour nourrir les cochons.

Fireplace for Cooking Pig Food, from Adelboden BE

E The alpine dock grows on over-fertilized ground. Its long, broad leaves with their fleshy stems were used as pig food. The leaves had to be boiled and this was done on a simple fireplace in the open that was frequently protected by a roof. After boiling, the water was allowed to drain from the slurry which was then put into wooden troughs. Later it was dug out with an iron bar to be fed to pigs.

185

Käsespeicher der Alp Hintisberg

Grenier à fromage de l'Alpe d'Hintisberg

Cheese storing hut from Alp Hintisberg

186

«Schleckrinne»

Poutre où le bétail venait lécher le liquide salé

Base log where cattle and wild animals liked to come and lick away the briny fluid.

Käsespeicher der Alp Hintisberg im Grindelwaldtal BE

D Am geneigten Hang steht auf einem Steinsockel ein typischer Kässpeicher, der um 1608 erbaut wurde. In den umlaufenden Schwellenkranz sind kurze Stützel gesteckt, die den eigentlichen Speicherbau tragen. Damit kann die Luft unter dem Speicherboden zirkuliern. Das heruntertropfende salzige Käswasser sammelte sich teilweise auf den Schwellenbalken, wo es von Vieh und Wildtieren gerne aufgeleckt wurde. So entstand eine tiefe Rinne.

Grenier à fromage de l'Alpe d'Hintisberg dans la vallée de Grindelwald BE

F Ce grenier à fromage typique sur socle en pierre, construit en 1608, est placé sur un terrain en pente. Dans les poutres de la semelle qui en délimitent le pourtour sont fixés de petits poteaux qui portent le bâtiment; l'air peut ainsi circuler sous le plancher du local. Le liquide salé qui s'en égouttait se déposait en partie sur les poutres de la semelle, où le bétail et les animaux sauvages venaient le lécher avec plaisir. Il en est résulté avec le temps une profonde rigole.

Cheese Storing Hut from Alp Hintisberg, Grindelwald Valley BE

E On a slope on a stone base is a typical cheese storing hut which was built around 1608. Short posts were set into the four rough-cut base logs (sill plates) and they supported the actual hut. Being raised in this way, the hut allowed air to circulate under the floor. Briny fluid from the cheese dripped through the floor and some collected on the base logs where cattle and wild animals liked to come and lick it away. In the course of time this wore a deep groove.

Haus von Brienz BE

D Der Höhepunkt der oberländischen Zimmermannskunst war im 18. Jahrhundert erreicht. Wer schon die verschiedenen Täler des Berner Oberlandes durchwandert hat, stand mancherorts vor erstaunlichen und hervorragenden Beispielen des ländlichen Hausbaus. Auch die Giebelfassade des Hauses von Brienz aus dem Jahre 1778 gehört dazu. Zwar fehlt ihr die Farbigkeit, die manche Fassaden im Simmental oder Diemtigtal auszeichnet, aber in bezug auf die Gestaltung der Gesims- und Bundbalken steht es in vorderer Linie.

Die gewöhnlich vom Dach bis zur Schwelle glatte Wand des Blockbaus verlangt eigentlich eine architektonische Gliederung. Die waagrechten Gesimse und Bundbalken rufen geradezu nach künstlerischer Bereicherung. Durchlaufende Friese verschiedenster Art und vorstehende, durch eingekämmte kleine Konsolen in regelmässigem Abstand abgestützte Bundbalk‹ gliedern die Fassade. Bei schräg auffallenden Sonnenstrahlen lebt sie in Licht und Schatten. Wirklich eine hervorragende Leistung der Zimmerleute!

Im Haus von Brienz entstehen im Keller vor den Augen der Besucher prächtige Holzschnitzereien, war doch Brienz seit Anfang des 19. Jahrhunderts ein Zentrum dieser Kunst. Manche Holzschnitzereien und handwerkliche Möbel werden nach alten Motiven kunstvoll bemalt.

Maison de Brienz BE

F Dans l'Oberland bernois, l'art du charpentier a atteint son point culminant au XVIIIe siècle. Qui porte ses pas dans diverses vallées de cette région se trouve souvent confronté à d'étonnants et remarquables exemples de construction rurale. En voici un avec la façade à pignon de la maison de Brienz, qui date de 1778. S'il lui manque les couleurs qui ornent de nom-

187/188

Die prachtvolle Fassade von 1778

La magnifique façade de 1778

The splendid façade from 1778

breuses façades dans le Simmental ou le Diemtigtal, la façon dont les frises et les poutres de ceinture ont été ouvragées en fait une réalisation de premier ordre.

C'est que la paroi lisse du haut en bas qui caractérise le montage-bloc appelle une articulation architectonique. Les éléments horizontaux de corniche et de ceinture se prêtent parfaitement à des interventions artistiques. Des frises sculptées avec beaucoup de fantaisie et des poutres de ceinture en encorbellement soutenues à intervalles réguliers par de petites consoles donnent une structure à la façade. Lorsque les rayons du soleil l'atteignent de biais, elle s'anime par un jeu d'ombres et de lumières – un étonnant travail de charpentier!

Dans la cave de la maison de Brienz, le visiteur a l'occasion de voir produire de belles sculptures sur bois; c'est que Brienz a été un centre de cet art dès le début du XIXe siècle. Beaucoup d'objet sculptés et de meubles artisanaux sont peints avec art d'après des motifs anciens.

House from Brienz BE

E The art of Bernese Oberland carpentry reached its peak in the eighteenth century. Anyone who has wandered through various valleys in the Bernese Oberland has come face to face in many places with amazing and splendid examples of rural houses. The gable facing of the house from Brienz dating from 1778 belongs to them. The colourfulness, which makes the front facings of buildings in the Simmen Valley or Diemtig Valley so striking, may be lacking but it can claim a leading position as regards the design of the sills and tie beams.

Rough-cut log construction houses had smooth walls which usually extended from the sill plate to the roof and should actually have an architectural classification of their own. The horizontal sills and tie beams virtually cry out for the addition of some form of artistic decoration. Decorative trimmings of a most varied kind running across the width of the house and protruding tie beams supported at regular distances by small inset brackets divided up the facing of the house. The contrast of light and shade when the sun

189

Holzschnitzer an der Arbeit

Sculpteur sur bois au travail

A woodcarver at work

190

Ein Schrank wird bemalt

La peinture d'une armoire

A cupboard being painted

shone on it gave it added life. It is truly a magnificient achievement by the woodworkers.

Beautiful wood carvings are made in the cellar of the house from Brienz while visitors look on. Brienz was one of the centres of this art from the beginning of the nineteenth century onwards. Many wood carvings and pieces of hand-made furniture are painted artistically according to old motifs.

Dörrhaus von Brienzwiler BE

D Das kleine Bauwerk ist ein gutes Beispiel für einen Einzweckbau. Auf dem Lande findet man Bauten, die nur für eine bestimmte Aufgabe errichtet wurden. Das bedeutet eigentlich einen ganz enormen Aufwand, war doch das betreffende Gebäude während längerern oder kürzeren Zeiten funktionslos. Es ist daher ganz selbstverständlich, dass man bald einmal versuchte, verschiedene Funktionen im selben Bau zu vereinen. Deshalb ist es wichtig, dass im Freilichtmuseum solche Einzweckbauten erhalten werden; sie werden heute eben kaum mehr gebraucht und verschwinden.

Das Häuschen mit seinem einfachen Dach umschliesst einen gewölbten Ofen, ganz ähnlich wie dies bei Backhäusern der Fall ist. Dieser Dörrofen, der in der Nähe der Fruchtbäume stand, vor allem Zwetschgen-, aber auch Apfel- und Birnbäumen, wurde gebraucht, um möglichst schnell diese Früchte, aber auch Bohnen oder anderes zu dörren.

Séchoir à fruits de Brienzwiler BE

F Ce petit bâtiment est un bon exemple de construction à but unique. On trouve à la campagne des édifices réalisés pour une seule fonction. Cette formule est en fait extrêmement coûteuse puisque le bâtiment en question restait inutilisé durant des périodes plus ou moins longues. Il était donc naturel que l'on essaie de réunir diverses fonctions sous le même toit. C'est aussi pourquoi il est important que le Musée en plein air conserve des exemples de ces bâtiments à but unique, actuellement condamnés à disparaître.

191/192

Dörrhaus von Brienzwiler

Séchoir à fruits de Brienzwiler

Drying kiln from Brienzwiler

Cette maisonnette à toit simple renferme un four voûté tout à fait semblable à celui qu'on trouve dans les fournils à pain. Placé à proximité de vergers, ce four permettait de sécher sans perdre de temps surtout les quetsches, mais aussi des pommes et des poires ainsi que des haricots ou d'autres produits de la terre.

Drying Kiln from Brienzwiler BE

E This small structure is a good example of a single-purpose building. In the country buildings are found which were put up to do a certain job. This meant a great deal of time, effort and expense was in vain if the building in question was not used for short or long periods. It was, therefore, obvious that some day someone would try to incorporate several functions in one and the same building. In view of this it is important that single-purpose buildings of this kind are preserved in the open-air museum. They are hardly used anymore today and are disappearing.

This tiny house with its simple roof contains an arched kiln very similar to those in baking houses. The drying kiln set up near fruit trees, especially plum but also apple and pear, was used to dry not only this fruit but also beans and other produce as quickly as possible.

Haus von Matten BE

D In Matten bei Interlaken bildete dieses Wohnhaus um 1800 einen Teil eines Hofes, zu dem eine Scheune, ein Speicher, ein Backofen sowie verschiedene Wiesen, «Berge» (Maiensässe), Wald und Alprechte gehörten. Das Haus trägt keine Angabe des Baujahres, aber nach den vorhandenen Verzierungen, Friesen und der Konstruktion entspricht es einem Haustyp, wie er in der Mitte des 17. Jahrhunderts üblich war. Aus diesem Grunde wurde beim Wiederaufbau die Giebelfassade, die durch die Vergrösserung der Fenster gelitten hatte, wieder im ursprünglichen Zustand hergestellt. Die alten Rillengesimse unter und über den Fenstern wurden ganz einfach zersägt, als man grössere Fenster einsetzte. An den Kanten der Blockgewette jedoch waren die Reste der Gesimse erhalten. Zwar mussten, beim Blockbau geht es nicht anders, beim Wiederaufbau die Balken vollständig ersetzt werden, aber wir hatten die Muster, nach denen sie massgetreu nachgebildet wurden. Zudem fanden wir in einer Ecke des Dachraumes ein teilweise zerschlagenes, aber sonst noch vollständiges Fenster mit Bleiverglasung, nach dem die übrigen Fenster gestaltet werden konnten.

Das Haus von Matten ist ein Beispiel für die Möglichkeit des Freilichtmuseums, den Zustand vor späteren Änderungen zu zeigen. Hier war dieses Vorgehen berechtigt, um so mehr, als man das später steiler gemachte Dach auch wieder auf seine ursprüngliche Neigung reduzierte.

Zu den Häusern in Matten, wie übrigens in weiten Teilen des Berner Oberlandes, gehörten früher Backhäuser, die meist gemeinschaftlich benützt wurden. Wir wissen nicht, wann und aus welchem Grunde der Besitzer des Hauses sich einen eigenen Backofen an der rückwärtigen Giebelseite bauen liess. Die Öffnung des Backofens findet sich seitlich der Feuerstelle in der Küche. Der Ofenkörper dagegen ragt über die Hauswand vor und musste mit Mauern gestützt und mit einem Pultdach vor Schnee und Regen geschützt werden. Das bot zudem die Möglichkeit, dieses Schutzdach so gross zu machen, dass man darunter Schweineställe und darüber einen Abort sowie einen Holzschopf unterbringen konnte. Diese Entwicklung ist so interessant, dass sie am Haus belassen wurde, obwohl dieser Anbau im 17. Jahrhundert noch nicht vorhanden war.

194

Stubenfenster

Fenêtres de la salle de séjour

Living room windows

Obschon das Haus äusserlich repräsentiert, weist es im Innern einen Zustand auf, der sehr einfach ist und seit der Bauzeit überhaupt nicht verändert wurde. Die Küche besitzt keine Decke und keinen Rauchabzug, sondern ist offen bis unters Dach. Allerdings muss man sich zuerst an die Dunkelheit des Raumes gewöhnen, bis man hoch oben die schwarzen Rundhölzer zum Räuchern von Fleisch und die russigen Dachbalken erkennen kann. Noch wenige Jahre vor der Übernahme durch das Museum war das Haus bewohnt. Stellen Sie sich vor, wie kalt es im tiefsten Winter hier war!

Da flüchtete man sich lieber in die warme Stube, die durch einen Trittofen aus Sandsteinplatten geheizt wurde. Die damaligen Besitzer, Hans Sterchi und Elisabeth Roth, haben sich auf einer schön bearbeiteten Platte 1845 verewigen lassen. Die grosse Stube ist in der üblichen Weise ausgestattet; es sind auch einige bemerkenswerte Möbelstücke wie Himmelbett, Tellerbord, Tisch und Stabellen sowie eine Truhe vorhanden. Hier wird häufig Wolle gesponnen, und Geräte, die man zur Verarbeitung der Wolle brauchte, wie Kardenstuhl, Garnhaspel, stehen im Raum.

Maison de Matten BE

F A Matten, près d'Interlaken, cette maison d'habitation constituait vers 1800 un des éléments d'une ferme qui possédait par ailleurs une grange, un grenier, un four à pain et différents prés, des «montagnes» (mayens) ainsi que des droits d'usage sur une forêt et sur des alpages. L'année de construction n'est pas indiquée sur la maison, mais ses ornementations, ses frises et le type de construction sont ceux en usage au milieu du XVIIe siècle. C'est pourquoi on a reconstruit la façade à pignon dans son état originel, car elle avait été dénaturée par un agrandissement de ses fenêtres. Les anciennes frises cannelées situées au-dessus et au-dessous des fenêtres avaient été simplement sciées pour agrandir les ouvertures. Mais des restes de frises se voyaient encore sur les parois. Il a fallu remplacer complètement ces madriers lors de la reconstruction – le montage-bloc n'offre pas d'autre solution –, mais nous disposions des modèles qui nous ont permis d'en faire des copies fidèles. Par ailleurs, nous avons trouvé dans un coin des combles une fenêtre à résille en partie cassée, mais encore complète, d'après laquelle nous avons pu refaire les autres fenêtres.

Avec la maison de Matten, le Musée en plein air montre un exemple de l'état d'un bâtiment avant des transformations relativement récentes. C'était d'autant plus justifié dans le cas présent qu'on a également redonné son inclinaison primitive au toit, dont une transformation avait augmenté la pente.

Les maisons de Matten, comme du reste dans bien des régions de l'Oberland bernois, étaient accompagnées autrefois de fournils dont l'usage était généralement communautaire. Nous ne savons pas quand, ni pour quelle raison, le propriétaire de cette maison s'est fait construire son propre four à pain sur la façade à pignon postérieure. Le four s'ouvre à côté du foyer dans la cuisine. Saillant à l'extérieur, il a dû être soutenu par de la maçonnerie et abrité de la pluie et de la neige par un appentis; celui-ci a été étendu suffisamment pour y loger en bas une porcherie et au-dessus un WC et un dépôt de bois. Cette évolution est si intéressante qu'on l'a conservée bien que postérieure au XVIIe siècle.

Bien que cette maison ait extérieurement de l'allure, son intérieur est très simplement aménagé et rien n'y a été changé depuis l'époque où elle a été construite. La cuisine ne possède ni plafond ni cheminée; elle est ouverte jusque sous le toit. Quand on entre, il faut s'habituer à la pénombre avant de pouvoir observer, en haut, les perches noircies sur lesquelles on fumait la viande et la charpente de toit couverte de suie. Cette maison était habitées quelques années encore avant d'être reprise par le Musée. On peut s'imaginer le froid qui régnait ici en plein hiver!

195

Der über die Hauswand vorstehende Backofen

Le four fait saillie à l'extérieur de la maison

The baking oven protruding from the house wall

On se réfugiait de préférence dans la salle de séjour, qui était chauffée par un poêle en plaques de molasse. Hans Sterchi et Elisabeth Roth, les propriétaires de l'époque, ont inscrit leurs noms en 1845 sur une plaque travaillée avec art. La grande salle de séjour est aménagée de la façon habituelle; on y trouve quelques éléments de mobilier remarquables – lit à baldaquin, vaisselier, table et tabourets ainsi qu'un bahut. On y file souvent la laine et cette pièce contient des ustensiles utilisés autrefois pour travailler la laine, par exemple une cardeuse et un dévidoir.

House from Matten BE

E Around 1800 in Matten near Interlaken this residential house formed part of a farmstead along with a barn, a storehouse, a baking oven as well as various meadows, low alpine pastures, woodland and alpland (available through granted rights). Although there is no date on the house indicating when it was built it corresponds to a style that was usual for the middle of the seventeenth century according to existing decorative work, trimmings and the design. In view of this the gable front which had been spoiled by windows being enlarged, was given its original appearance when the house was rebuilt. The ancient grooved lintels and sills above and below the windows had simply been sawn up when larger windows were put in. However, remains of sills were preserved on the edges of the timber structure. Although beams had to be completely replaced when rebuilding the house (this cannot be avoided with log or block house construction) we had samples from which they were copied exactly to scale. In addition, we found a partly broken but otherwise complete leaded window in a corner of the attic. We were thus able to make the other windows the same.

The house from Matten is an example of the open-air museum's ability to show something as it existed before changes were made. In this case it was justified, all the more as the roof, that had been given a steeper pitch at a later

197

196

Speisekammer

Garde-manger

The pantry

197

Der Anbau

L'appentis

The lean-to

96

198

199

198
Schlafecke in der Stube
Coin à dormir dans la salle de séjour
Bed niche in the living room

199
Ausblick aus der Küche
Echappée de vue de la cuisine
View from the kitchen

200
Schlafkammer
Chambre à coucher
The bedroom

200

20

date, could be made with its original slope again.

In earlier days baking houses, mostly for common use, belonged to the houses in Matten, as, by the way, they did to others in many parts of the Bernese Oberland. We do not know when and why the house owner had his own baking oven built on the rear gable side. The opening to the baking oven was on one side of the fireplace in the kitchen. The oven itself, on the other hand, extended beyond the wall of the house and had to be supported by walls and protected against snow and rain by a lean-to roof. The opportunity was also taken to make the lean-to roof large enough for pigsties and a woodshed on the lower level and a WC above them. These additions were so interesting that they were left against the house even though they were not there in the seventeenth century. On the outside the house may have been made impressive, but inside the conditions were very simple and no modifications had been made since it was built. There was no ceiling in the kitchen and no smoke hood or chimney, everything being left open up to the roof. You first have to become accustomed to the dimness in the room before you can recognize the blackened wooden rods for curing meat or the sooty roof beams. This house was still occupied a few years before it was taken over by the museum. Just imagine how cold it must have been in there in the middle of winter!

The occupants must have preferred to retreat to the warm living room which was heated by an oven made of sandstone slabs. The owners at that time, Hans Sterchi and Elisabeth Roth, have perpetuated their memory in the form of a beautifully worked slab dated 1845. Furniture of the usual kind is in the living room. There are also some noteworthy pieces of furniture such as a four-poster bed, plate rack, table, wooden stool and a trunk. Often, wool was spun here; a carding loom and a garn reel still stands in the room.

202

Kunstvoll geschmiedetes Türschloss

Serrure de porte forgée avec art

An artistically forged door lock

Wolle

D Mancher Reklame-Mann benützt den Ausdruck «Kuschelwolle». Dass Wolle sich weich und geschmeidig anfühlt, dass sie warm hält, angenehm ist zum Tragen und in der früheren Bauernwirtschaft vom Fell bis zum fertigen Tuch verarbeitet werden konnte, ist allgemein bekannt. Die Schafe wurden vor allem wegen ihrer Wolle gehalten. Allerdings war die Zucht verschiedenen Schwankungen unterworfen. Im Mittelalter hielt man nur so viele Schafe, als man für die eigene Versorgung nötig hatte. Als dann im 17. und 18. Jahrhundert die Herstellung und der Verkauf von Wollstoffen auch im Berner Oberland zunahmen, wuchsen die Schafherden. Ihre höchste Zahl erreichten sie etwa um 1800. Dann setzte zuerst ein langsamer Rückgang, von der Mitte des 19. Jahrhunderts an jedoch ein sehr schneller ein. Billigere Verarbeitung und andere Materialien waren schuld daran.

Die Verarbeitung von Wolle wird im Freilichtmuseum gezeigt, allerdings sind nicht alle Arbeitsgänge zu sehen. Zwei wichtige jedoch sind das Spinnen der Wolle und das Färben.

Im Waschhaus von Rüschlikon wird verschiedentlich Wolle mit pflanzlichen Farbstoffen gefärbt. Gelbe, braune und rote Strangen hängen zum Trocknen an den Stangen, nachdem man sie aus dem Färbezuber geholt hat.

Am Spinnrad werden mit surrendem Geräusch die gefärbten oder ungefärbten Wollefasern zu einem mehr oder weniger dicken Garn zusammengedreht. So leicht sieht das aus, wenn die Spinnerin mit zwei Fingern die Fäden dehnt oder lockert. Aber probieren Sie es einmal, Sie werden staunen, welche Geschicklichkeit es braucht, um ein schönes Garn zu erzeugen!

203/204

Färben der Wolle

Teinture de la laine

Dyeing wool

La laine

F Les agents publicitaires parlent volontiers de laine «douillette». Chacun sait combien la laine est douce, chaude et agréable à porter, et il est connu que l'économie paysanne d'autrefois en faisait aussi bien des fourrures que des draps. On élevait des moutons surtout pour la laine; mais cet élevage a vécu des hauts et des bas. Au Moyen Age, on ne gardait que le nombre de

moutons nécessaire pour son propre usage. Lorsque la fabrication et la vente des étoffes de laine se sont développées aux XVIIe et XVIIIe siècles dans certaines régions, dont l'Oberland bernois, les troupeaux de moutons ont également pris de l'importance. Ils ont atteint un maximum vers 1800, puis ont régressé, d'abord lentement et ensuite très rapidement depuis le milieu du XIXe siècle; manufacture bon marché et autres matières premières en étaient responsables.

Le Musée en plein air montre une partie des opérations de transformation de la laine. Deux phases importantes sont le filage et la teinture.

Dans la buanderie de Rüschlikon, la laine passe dans diverses teintures végétales. Des écheveaux colorés sont mis à sécher sur des perches après avoir été sortis des baquets de teinture.

Au rouet qui ronronne, les fibres de laine teintée ou non sont tordues pour former un fil plus ou moins gros. Cela a l'air bien facile lorsqu'on voit la fileuse étirer ou desserrer les brins avec deux doigts. Mais un essai vous permettra de saisir à quel point il faut être habile pour produire un beau fil!

Wool

E Many an advertising man has used words like snug and cuddly in adverts for wool. It is general knowledge too, that wool feels smooth

and soft, that it keeps you warm, is pleasant to wear and that farmers in earlier days processed the fleece to finished cloth. Sheep were kept above all for their wool. Sheep breeding, however, had several ups and downs. In the Middle Ages only as many sheep were kept as were needed for one's own needs. Sheep herds became larger later in the seventeenth and eighteenth centuries when there was an increase in producing and selling woollen fabrics in some parts of the country, as also in the Bernese Oberland. The largest numbers were reached around 1800, but then a slow decline set in which became much more pronounced from the middle of the nineteenth century onwards, however. This was caused by cheaper processing and other materials.

Wool processing is shown in the open-air museum, although not all working operations are to be seen. Two important ones, though, are spinning and dyeing.

In the washhouse from Rüschlikon wool is dyed with vegetable dyes of various colours. Yellow, brown and red skeins are hung up to dry on rods after being taken out of the dyeing tub. The dyed or natural wool fibres are spun to a more or less thick yarn to the whirr of the spinning wheel. It looks so easy when the spinner plies the thread with two fingers. Try it yourself, though, and you will be amazed what skill is needed to produce a beautiful yarn.

Speicher von Niederried BE

D Dieser kleine, jedoch zweigeschossige Speicher wurde 1652 von Johann Bos erbaut, stolz steht da: «... DÄR ZIMMERMANN». An seinem Aussehen ist nichts Ungewöhnliches zu entdecken, er entspricht einem verbreiteten Typ. Besonders bemerkenswert sind die Rillengesimse über und unter dem kleinen vergitterten Fenster, die Zierinschrift und die beiden schwarzen Bären, welche mit offenem Maul die Jahrzahl einrahmen.

Der Speicher stammt demnach aus derselben Zeit wie das benachbarte Haus von Matten; mit ihm zusammen und mit einer noch zu bauenden Scheune ebenfalls aus der Mitte des 17. Jahrhunderts wird der Hof vollständig sein.

Grenier de Niederried BE

F Ce petit grenier à deux étages a été construit en 1652 par Johann Bos, qui n'a pas manqué de le faire savoir: «... DÄR ZIMMERMANN» («... le charpentier»). Son apparence ne comporte rien d'exceptionnel, il appartient à un type courant. L'attention est attirée par les frises cannelées au-dessus et au-dessous des fenêtres grillagées, par l'inscription ornée et par les deux ours noirs à gueule ouverte qui encadrent le millésime.

Ce grenier remonte donc à la même époque que la maison de Matten, sa voisine; il suffira d'ajouter une grange datant également du milieu du XVIIe siècle pour que le groupe rural soit complet.

Storehous from Niderried BE

E In 1652 Johann Bos built this small but two-storey storehouse. It bears a proud inscription '... DÄR ZIMMERMANN'. On the outside nothing unusual can be discovered, it being a widespread type of structure. Worthy of particular note are the grooved sills and lintels above and below the small barred windows, the decorative inscription and the two black bears which have their open jaws facing the date.

Accordingly, the storehouse originated at the same time as the neighbouring house from Matten. These two buildings with a barn that still has to be built and dating back to the middle of the seventeenth century as well, will form a complete farmstead.

205

Spinnerin am Spinnrad

Fileuse au rouet

A spinner at her wheel

206

Speicher von Niederried

Grenier de Niederried

Storehouse from Niederried

207

Inschrift und Jahreszahl

Inscription et millésime

Inscription with date

Waschen und Hygiene
Toilette et hygiène
Washing and Hygiene

D Es kommt nicht mehr häufig vor, dass man sich im Freien an einem Brunnen waschen muss. Am ehesten noch auf einer Bergwanderung, beim Zelten in den Ferien oder für Kinder in einem Ferienlager weitab von der Zivilisation. Doch früher war es gang und gäbe, sich am laufenden Brunnen mit frischem, klarem Wasser zu waschen. Frauen und Mädchen trugen das köstliche Nass auch mühevoll ins Haus, stellten einen vollen Kessel in die Küche und hängten die Schöpfkelle daneben. Hier war der Platz, um das Geschirr zu spülen und die Hände zu waschen. Nicht selten lief das Wasser aus dem Spülbecken in einen untergestellten Eimer, der von Zeit zu Zeit geleert werden musste *(Haus von Ostermundigen)*. Es bedeutete bereits einen Fortschritt, wenn das Wasser vom Schüttstein durch einen Ausguss nach aussen ins Freie geleitet wurde, wo es ganz einfach vor dem Haus zu Boden rann *(Haus von Richterswil)*. Erst in die neuere Zeit gehört ein Abflussrohr, welches das Wasser in die Kanalisation leitet.

In der Schlafkammer konnte man sich ungeniert waschen. Da stand auf einer Kommode ein Wasserkrug in einer grossen Schüssel. Sorgfältig goss man das Wasser ein; auch hier verbrauchte man keine grossen Mengen, musste man doch alles in die Kammer und von dort wieder wegtragen *(Haus von Wila)*. Die vollständige, meist hübsch gemusterte Garnitur umfasste ausser Krug und Schüssel auch noch Schalen für Seife, Kämme, Bürsten und dergleichen *(Haus von Richterswil)*. Die feuchten oder nassen Waschtücher und Abtrockner konnten an den hölzernen Stangen über dem Ofen trocknen *(Haus von Matten)*.

Wir nehmen die heutigen Toiletten, mit allem Komfort und sogar oftmals mit raffinierter Technik ausgestattet, als selbstverständlich hin. Aber noch gibt es auf dem Lande, nicht selten neben dem Stall, in einem Schopf oder auf

208

Ausblick auf den Brunnen, Haus von Richterswil

Vue de la fontaine, maison de Richterswil

View of the fountain, house from Richterswil

209

Spülecke im Haus von Sachseln

Coin de la toilette dans la maison de Sachseln

Washing place in the house from Sachseln

209

einer Laube, die mit einem kleinen Herz oder einem andern Ausschnitt versehene Brettertüre, welche zum verborgenen Örtchen führt *(Haus von Matten)*. Darum sagt die ältere Generation aus lauter Gewohnheit: «I gang uf's Hüsli». Noch früher erledigte man sein Geschäft im Stall, wo die Tiere schliesslich dasselbe taten. Eine besondere Lösung kann man im *Haus von Adelboden* sehen (bitte, der Kübel ist absolut echt!). Im schmalen Gang von Küche zum Heuraum (genannt «Schyssgang») steht ein hölzerner Melkeimer («Schyssmältra»), bedeckt von einem Brett mit rundem Loch, auf das man sich setzen konnte. Mindestens alle Tage einmal trug man den Eimer auf den Misthaufen, genauso wie man auch die Nachthafen oder den Topf im Nachtstuhl *(Haus von Richterswil)* leeren musste.

21

210

Schüttstein mit Eimer,
Haus von Ostermundigen

Evier avec le seau, maison d'Ostermundigen

Sink and tub, house from Ostermundigen

211

211

Schüttstein mit Ausguss und Tropfbrett,
Haus von Richterswil

Evier avec écoulement et égouttoir,
maison de Richterswil

Sink with outlet and draining board,
house from Richterswil

212

Kommode mit Waschgeschirr,
Haus von Madiswil

Commode avec ustensiles de toilette,
maison de Madiswil

Chest of drawers with toilet set,
house from Madiswil

212

F Il n'arrive plus guère que l'on soit obligé de se laver dehors, à une fontaine. Cela peut encore se produire lors d'une promenade en montagne, en camping durant les vacances ou pour les enfants qui séjournent dans un camp à l'écart de la civilisation. Autrefois pourtant, il était tout à fait normal de faire sa toilette à l'eau claire et fraîche de la fontaine. Filles et femmes prenaient aussi la peine de porter l'eau précieuse à l'intérieur de la maison; elles en mettaient une pleine bassine dans la cuisine et plaçaient la louche à côté. C'était là qu'on lavait la vaisselle et ses mains. Souvent, l'eau coulait de l'évier dans un seau placé au-dessous et que l'on vidait de temps à autre *(maison d'Ostermundigen)*. Il y avait déjà progrès lorsque l'eau de l'évier était directement évacuée à l'extérieur, où elle s'écoulait simplement dans le sol *(maison de Richterswil)*. Le tuyau d'écoulement qui mène l'eau dans une canalisation n'est apparu qu'à l'époque moderne.

C'est dans la chambre à coucher qu'on pouvait se laver à l'aise. Sur une commode se trouvait une cruche d'eau placée dans une bassine. On y versait l'eau avec soin et mesure, car tout devait être transporté à la main *(maison de Wila)*. Outre la cruche et la bassine, un ensemble complet, généralement décoré de jolis motifs, comprenait des boîtes pour le savon, des peignes, des brosses, etc. *(maison de Richterswil)*. Les gants de toilettes et serviettes humides ou mouillés étaient mis à sécher sur les barres en bois placées au-dessus du poêle *(maison de Matten)*.

Les WC d'aujourd'hui, avec tout leur confort et parfois leur technique raffinée, nous paraissent aller de soi. Mais il y a encore à la campagne, souvent à côté de l'étable, dans une remise ou sur une galerie, la petite porte en planches dans laquelle on a découpé un cœur ou une autre forme et qui donne sur le petit coin *(maison de Matten)*. Dans les temps plus anciens encore on faisait ses besoins à l'étable, comme le bétail.

213

Das stille Örtchen, Haus von Matten

Le petit coin, maison de Matten

The «smallest room», house from Matten

On peut voir une solution particulière dans la *maison d'Adelboden* (attention, le seau est parfaitement authentique!). Dans l'étroit corridor menant de la cuisine à la grange (appelé «Schyssgang» ou «couloir-chiottes») se trouve un seau à traire en bois («Schyssmältra» ou «seau-chiottes») couvert d'une planche avec trou circulaire sur laquelle on pouvait s'asseoir. Une fois par jour au moins on vidait le seau sur le tas de fumier, comme il fallait aussi le faire pour les pots de chambre ou le pot de la chaise percée *(maison de Richterswil)*.

214

Ofenstangen mit Wäsche, Haus von Matten

Barres au-dessus du poêle garnies de linge, maison de Matten

Oven rails with washing, house from Matten

215

«Schyssmältra», Haus von Adelboden

«Schyssmältra» («seau-chiottes»), maison d'Adelboden

An adapted «churn», house from Adelboden

E It does not happen very often any more that you have to wash yourself outside at a well, pump or fountain. It would be most likely on a mountain hike, while camping on holiday or when children are in a holiday camp out in the wilds. In earlier times, however, it was a perfectly ordinary thing to wash yourself outside under fresh, clear, running water. Girls and women laboriously carried the precious water into the house as well, placed a full pan in the kitchen and hung a ladle next to it. This was the place to rinse the crockery and wash your hands. It was not unusual for the water to run out of the sink into a bucket below it, which had to be emptied from time to time *(house from Ostermundigen)*. It was a step forward when the water could run from the sink outside through an outlet where it simply soaked into the ground *(house from Richterswil)*. Not until recent times were drainpipes installed which carried the water to the sewerage.

You could wash yourself readily in the bedroom. There was a jug of water in a large bowl on the dressing table. The water was carefully poured into the bowl and, here too, large amounts were not used seeing as everything had to be carried into the bedroom and out again later *(house from Wila)*. The complete, usually prettily patterned set also included bowls for soap, combs, brushes and similar things in addition to the bowl and jug *(house from Richterswil)*. Damp or wet flannels and towels could be hung to dry on wooden rails above the oven *(house from Matten)*.

Today WC's, with every inbuilt comfort and often even sophisticated technical gadgets, are taken for granted. In the country, though, frequently next to the stalls, in a barn or on a balcony, there is a boarded door having a heart or other shape cut in it which leads to the 'smallest room' *(house from Matten)*. Even earlier the stall was used where, after all, the animals did the same. A special solution can be seen in the *house from Adelboden* (dont't gasp, the bucket is absolutely genuine!). In the narrow corridor leading from the kitchen to the hay loft there is a wooden milk churn covered by a board with a round hole on which you could sit. Once a day, at least, the churn was carried to the dung heap, just like the chamber pot or the pot in the night stool had to be emptied *(house from Richterswil)*.

216

Schönes Waschgeschirr, Haus von Richterswil

Beaux ustensiles de toilette, maison de Richterswil

A beautiful toilet set, house from Richterswil

Felder und Gärten
Champs et jardins
Fields and Gardens

D Ein Museum, in dem originalgetreue Häuser stehen, die den Eindruck der früher üblichen ländlichen Baukultur vermitteln sollen, kann nicht darauf verzichten, die Umgebung dieser Gebäude entsprechend darzubieten. Auch wenn es selbstverständlich unmöglich ist, ganze Felder oder einen grossen Acker anzupflanzen, so soll doch der Besucher den Eindruck erhalten, hier gehört ein Kornfeld oder dort ein Acker mit Kartoffeln hin. Daher achten wir darauf, zwischen den Höfen genügend Platz offen zu lassen, um die ländliche Umgebung zu zeigen. Eigentlich muss man im Museum alte Sorten anpflanzen. Da sollen Dinkel, Emmer, Korn oder Buchweizen wachsen; Pflanzen, die man früher überall brauchte, von denen man heute kaum noch die Namen kennt. Wenn unsere Leute im Sommer das Getreide mähen, kommt es vor, dass ein Besucher über den Zaun steigt, seine Jacke auszieht und wie in Jugendjahren die Sense schwingt oder die Garben zu Puppen aufstellt, damit sie trocknen. Die Bäume in den Wiesen sind zwar noch klein und müssen gehegt werden, aber an ihnen werden in wenigen Jahren rotbakkige, gelbe oder lederne Äpfel und verschiedene Sorten von Birnen wachsen. Auch die Spaliere auf der windgeschützten, besonnten Seite der Häuser wachsen erst langsam hoch.

Jede rechte Bäuerin ist stolz auf ihren Garten. Das ist ihr ureigenes Reich. Hier werden Küchen- und Heilkräuter, Gemüse und Blumen gezogen. Die Gärten im Museum zeigen regionale Besonderheiten sowohl in der Anlage wie bei den Pflanzen. Für den hübschen Garten vor dem *Haus von Madiswil* gab eine Chronik von 1835 Auskunft, was damals in dieser Gegend in den Gärten wuchs. Die Einfassung der Beete mit Buchs und der Belag der Wege mit Gerberlohe entsprechen den damals üblichen Gewohnheiten. Ganz selbstverständlich ist der Blumenschmuck auf Fenstersimsen, in Blumenkisten und auf den Lauben der Speicher. Wenn Geranien und Fuchsien blühen, beginnen die Häuser erst eigentlich zu leben.

Der regionale Charakter der einzelnen Baugruppen wird durch verschiedenartige Zäune unterstrichen. Als Material für die Häge wurde in erster Linie Holz benützt. Auf verschiedene Art hat man versucht, ungebetenen Gästen den Zutritt zu verwehren oder das Vieh am Verlassen der Weiden zu hindern. Da sind der Schweifelhag mit Ringen und

217/218

Bauerngarten beim Haus von Madiswil

Jardin paysan vers la maison de Madiswil

A farm garden next to the house from Madiswil

Stecken und der schräge Kreuzzaun beim *Haus von Adelboden,* ein Staketenzaun, wie er häufig noch heute anzutreffen ist, beim *Haus von Richterswil,* der alte geflochtene Zaun beim *Taglöhnerhaus von Detligen* umgab einst als «Etter» sogar ganze Dörfer, während der reizende Eisenzaun, auf Sandstein gesetzt, beim *Haus von Ostermundigen* schon eher herrschaftlich ist und bereits am ursprünglichen Standort vorhanden war.

219

Felder vor dem Haus von Madiswil

Champs devant la maison de Madiswil

Fields in front of the house from Madiswil

220

Kartoffelernte

Récolte des pommes de terre

A potato harvest

221

Garten vor dem Haus von Ostermundigen

Jardin devant la maison d'Ostermundigen

The garden in front of the house from Ostermundigen

222

Herbstfeuer

Feu d'automne

A bonfire in autumn

222

F Un musée qui présente des maisons telles qu'elles étaient à l'origine et qui veut témoigner de la culture paysanne d'autrefois doit nécessairement aménager en conséquence les alentours de ces bâtiments. Même s'il est impossible de cultiver des surfaces étendues, il faut que le visiteur se rende compte qu'il y aurait là céréales ou pommes de terre. Nous laissons donc suffisamment de place entre les fermes pour en indiquer l'environnement campagnard. Et il faut y montrer d'anciennes cultures; au Musée poussent de l'épeautre, de l'amidonnier, de l'engrain ou du sarrasin – des espèces qu'on trouvait partout autrefois et dont on connaît à peine l'existence aujourd'hui. Lorsque les gens du Musée fauchent les céréales en été, il arrive qu'un visiteur passe la clôture, enlève sa veste et prenne la faux ou mette les gerbes en moyettes, comme au temps de sa jeunesse. Dans les prés, nos arbres sont encore petits et doivent être soignés, mais ils porteront dans quelques années des pommes rouges, jaunes ou à peau épaisse et diverses variétés de poires. Sur les façades abritées du vent et ensoleillées des maisons, les espaliers poussent lentement. La petite vigne située devant la *maison de Richterswil* se porte bien, mais elle est souvent confrontée à un temps froid au moment de la floraison.

Toute vraie paysanne est fière de son jardin, depuis toujours son domaine réservé. Il y pousse des herbes fines et médicinales, des légumes et des fleurs. Les jardins du Musée montrent des particularités régionales des points de vue disposition aussi bien que plantes cultivées. Pour le joli jardin qui se trouve devant la *maison de Madiswil,* une chronique de 1835 nous indique ce qui poussait alors dans les jardins de cette région. Le buis qui encadre les plates-bandes et le tan sur les sentiers correspondent aux habitudes de l'époque. La décoration florale des appuis de fenêtres, dans des jardinières et sur les galeries des greniers est dans l'ordre des choses. Les maisons se mettent véritablement à vivre au moment où les géraniums et les fuchsias fleurissent.

Le caractère régional des groupes ruraux est souligné par différentes clôtures. On utilisait pour cela surtout du bois. On a essayé de diverses manières d'interdire l'accès aux hôtes indésirables ou d'empêcher le bétail de s'échapper des pâturages. Il y a la barrière à croisillons de la *maison d'Adelboden,* une clôture à claire-voie telle qu'on en trouve encore fréquemment aujourd'hui près de la *maison de Richterswil;* l'ancienne barrière tressée qui se trouve vers la *maison du journalier de Detligen* entourait et protégeait parfois des villages entiers («Etter»), alors que la jolie barrière en fer fixée sur une base en molasse qui entoure le jardin de la *maison d'Ostermundigen* prend des allures patriciennes. Cette dernière existait déjà à l'emplacement original.

225

Geflochtener Zaun,
Taglöhnerhaus von Detligen

Barrière tressée,
maison du journalier de Detligen

The wattle fence of the day-labourer's house from Detligen

224

Salbei / Sauge / Sage

225

226 

226

Gartenzaun, Haus von Ostermundigen

Barrière de jardin, maison d'Ostermundigen

The garden fence of the house from Ostermundigen

227

Geflochtener Zaun beim Taglöhnerhaus

Barrière tressée près de la maison du journalier

The wattle fence of the day-labourer's house

E In a museum where true-to-life houses are displayed and an impression of the earlier, usual way of farming life should be conferred, we may not neglect laying out the surroundings of these buildings in a suitable way. Even if it is obviously not possible for entire fields or ploughed land to be cultivated visitors should still gain the impression that a corn field or a field of potatoes belongs here and there. This is why we take care to leave sufficient space between the farmsteads to show agricultural surroundings. Actually, we should cultivate old strains of grain in the museum. There should be spelt, South German wheat, corn or buckwheat: plants that were used everywhere in olden times, but whose names are hardly known today. When our people reap the harvest in summer a visitor sometimes climbs over a fence, takes off his jacket and swings a sythe like he did in his youth or stands up sheaves to dry. The trees in the meadows may still be small and will have to be cared for, but in a few years they will bear rosy, yellow or russet-like sapples and various kinds of pears. Espalier fruit trees on the sunny, wind-protected sides of houses grow slowly at first and vines in our small vineyard in front of the *house from Richterswil* are thriving well, but often have to fight against cold weather when blooming. Every true farmer's wife is proud of her garden. It is her unchallenged realm. In it she grows kitchen and medicinal herbs, vegetables and flowers. In the museum these gardens show specific regional set-outs and plants. A chronicle from 1835 describes what grew in gardens at that time in the area and in the charming garden of the *house from Madiswil.* The box borders of the beds and the tan bark covering of the paths were customary for that time. Decorative flowers on window sills, in window boxes and on the balconies of the storehouse are a matter of course. Only when the geraniums and fuchsia bloom do the houses become 'alive'. The regional characters of individual groups of buildings are emphasized by different kinds of fences. Wood was used primarily for the fences. Unwelcome guests have their ways barred or cattle has been prevented from leaving meadows in different ways. There is a bowed fence with rings and sticks and the herringbone fence of the *house from Adelboden,* the pale fence, that is often seen today, around the *house from Richterswil,* the old woven fence of the *day-labourer's house from Detligen* of which similar kinds often encircled entire villages, whereas the charming wrought-iron fence on a low sandstone wall of the *house from Ostermundigen* is something from more wealthy owners and still existed at the original location.

228

Verschiedene Zäune um Garten und Kartoffelacker, Haus von Adelboden

Differentes clôtures autour du jardin et du champ de pommes de terre, maison d'Adelboden

Fences around garden and potato fields, house from Adelboden

227

228

22

Erholungslandschaft Ballenberg

Le paysage de Ballenberg

Relaxation in Ballenberg

D Der ganz besondere Reiz des Freilichtmuseums liegt in der Verbindung der Häuser und Höfe mit der umgebenden, unverfälschten Landschaft. Die meisten Besucher sind fasziniert von der Einheit von Natur und Kultur. Unsere Vorfahren verstanden es eben meisterhaft, Häuser und Bauten so in die Umgebung zu stellen, dass sie sich nicht störten. Dies im Museum ebenfalls wieder herzustellen erfordert viel Geschick und Einfühlungsgabe. Haben Sie bemerkt, wie schön die alten Häuser sind ohne Drähte in der Luft, ohne Fernsehantennen auf dem Dach und ohne störende Anbauten? Erst im Museum kommen die Harmonie und die Ausgewogenheit, welche die alten Häuser kennzeichnen, voll zur Geltung. Dies zu betonen, hilft der prachtvolle Wald, der die einzelnen Baugruppen gegen aussen und auch gegeneinander abschirmt. Man wandert, geleitet von alten Wegweisern, von Baugruppe zu Baugruppe durch das lichte Grün eines Buchenwaldes, sitzt auf der einfachen Bank aus einem zersägten Stamm unter knorrigen Eichen, blickt in die bewegten, spitzen Blätter eines Bergahorns, riecht den Duft der blühenden Linden oder träumt auf den glatten Wyssensee (übrigens ein kleines Naturwunder) hinaus, in dem sich Bäume, Berge und Himmel spiegeln.

F Le charme exceptionnel du Musée en plein air tient à l'intégration des maisons et des fermes dans un paysage qui a conservé toute son authenticité. La plupart des visiteurs sont fascinés par cette harmonie de la nature et de la civilisation. C'est que nos ancêtres ont su construire sans perturber leur environnement. Reproduire cela dans le Musée demande beaucoup d'habileté et d'intuition. N'êtes-vous pas frappé par la beauté de ces maisons sans fils dans les airs, sans antennes de TV sur le toit et sans constructions ajoutées pour les déparer? C'est dans le Musée que l'équilibre harmonieux caractéristique de ces vieilles maisons prend toute sa valeur.

La magnifique forêt qui isole ces groupes de maisons de l'extérieur, et qui les sépare aussi les uns des autres, contribue à souligner cette intégration. Guidé par d'anciens poteaux indicateurs, on va d'un groupe rural à l'autre à travers la clarté d'un bois de hêtres, on s'assied sur un banc formé d'un simple tronc scié, sous des chênes noueux, le regard attiré par le mouvement des feuilles élancées d'un érable de montagne, on respire le parfum des tilleuls en fleurs ou bien on rêve au bord du lac de Wyssen – vrai joyau de la nature – dans lequel les arbres, les montagnes et le ciel se reflètent.

230

E A particularly charming aspect of the open-air museum is the surrounding unspoiled countryside between the houses and farmsteads. Most of our visitors are fascinated by the way nature and culture have been merged. Our ancestors were masters at setting houses and buildings in surroundings in such a way that they did not clash with them. In the museum this also called for a great deal of skill and feeling. Have you ever noticed how much better old houses look without wires leading to them in the sky, without television aerials on the roofs and without unsightly attachments? It is only in the museum that the harmony and equilibrium which characterize old houses can be fully appreciated.

The splendid woodland helps emphasize this. It screens off the individual groups of buildings from the outside and from each other. You meander, directed by old signposts, from one group of buildings to another through the dappled green light of a beech forest, sit on a simple bench made from a sawn trunk of gnarled oak, glace up at the quivering pointed leaves of a sycamore, smell the fragrance of blossoming lime trees or look dreamily across the mirror-like lake of Wyssen (a small wonder of nature, by the way), in which the trees, mountains and sky are reflected.

229–235

Der Ballenberg als Erholungslandschaft

Le paysage de Ballenberg

Relaxation in Ballenberg

231

232

233

234

235

236

Das Freilichtmuseum im Wechsel der Jahreszeiten

Le Musée en plein air au fil des saisons

The Open-Air Museum through the Seasons

D Anfang April, wenn das Freilichmuseum seine Tore für die Besucher öffnet, liegen oft noch die letzten Schneereste im Wald. Zaghaft erst wagen sich frühblühende Pflanzen hervor, Knospen öffnen sich unter dem wärmenden Licht der Sonne, und Kirschbäume strahlen in weissem Kleid. Das unterschiedliche Grün des Laubwaldes wird in den nächsten Wochen einheitlich, und auf den Bergen ist der letzte Lawinenschnee verschwunden. Der Sommer ist angebrochen; das Getreide wird goldgelb und wartet auf den Schnitt; ein Gewitter braut sich in den Bergen zusammen, und die Menschen suchen vor der Hitze Schutz im kühlen Wald.

Wohl die schönste Jahreszeit aber ist der Herbst. Langsam beginnen die Blätter sich zu verfärben. Nur kurze Zeit herrschen Grün, Gelb und Rot. Doch dann ist die ganze Landschaft in ein Farbenmeer getaucht, über dem sich der sanft blaue Himmel wölbt. Die Sonne hat noch Kraft; sie wärmt wunderbar; aber ihr Licht ist nicht mehr so hart wie im Sommer, und bald streicht der Wind die braunen Blätter von den Bäumen.

Schon melden sich die ersten Anzeichen des Winters. Dann fällt der erste Schnee. Keine Besucher wandern mehr auf den Wegen. Das Museum ist geschlossen. Aber es schläft nur scheinbar. Neue Gebäude werden errichtet, Wege instand gestellt, emsige Handwerker lassen die Spuren des Besucherstromes verschwinden, sorgen für den Unterhalt der Gebäude, führen Reparaturen aus, pflegen die Einrichtungen, waschen das Bettzeug und die Vorhänge und bereiten schon bald wieder alles vor, damit im nächsten Frühjahr das Museum wieder geöffnet werden kann.

F Début avril, au moment où le Musée en plein air ouvre ses portes au public, il reste parfois des plaques de neige dans la forêt. Les premières plantes printanières se risquent timidement à ouvrir leurs boutons sous la chaleur du soleil et les cerisiers éclatent de blancheur. D'abord plein de nuances, le vert du bois de feuilles s'unifie au cours des semaines et les dernières accumulations de neige disparaissent sur les montagnes. L'été s'installe; les céréales prennent des tons dorés et attendent la moisson; un orage se prépare au loin et les gens recherchent la fraîcheur de la forêt.

Mais la plus belle saison, c'est bien l'automne. Lentement, les feuilles commencent à se colorer. Vert, jaune et rouge dominent brièvement la scène, puis tout le paysage est plongé dans une mer de couleurs sous le bleu tendre du ciel. Le soleil a encore de la force et réchauffe délicieusement; mais son ardeur n'est plus aussi implacable qu'en été – et bientôt le vent emporte les feuilles brunies des arbres.

Déjà apparaissent les premiers signes de l'hiver, puis c'est la première neige.

237

On ne voit plus de visiteurs sur les chemins. Le Musée est fermé, mais son sommeil n'est qu'apparent. De nouveaux bâtiments sont érigés, les chemins remis en état, des ouvriers diligents font disparaître les traces du flux de visiteurs, entretiennent les bâtiments et leurs aménagements, font les réparations, lavent literie et rideaux, préparent la réouverture du Musée pour le printemps qui ne tarde pas à s'annoncer.

E At the beginning of April when the Open-Air Museum opens its gates to visitors there are often patches of snow still left in the forest. Early flowering plants appear only cautiously, buds open in the warmth of the sun's rays and cherry trees look radiant covered in white blossoms. The patchy green of the deciduous forest becomes more uniform in the following weeks and the last heaps of avalanche snow on the mountains disappear. Summer has arrived, the corn fields turn golden and wait to be harvested, thunder clouds gather in the mountains and people seek shade in the cool forest.

Autumn, though, is probably the most beautiful season. Leaves gradually begin to change colour. For only a short time greens, yellows and reds dominate the scene, but then the whole countryside becomes a sea of colour beneath a sky of paling blue. The sun's rays are still strong, they give pleasant warmth, but the light from the sun is no longer so harsh as in summer and soon the wind will strip the brown leaves from the trees.

The first signs of winter have appeared. There is the first fall of snow. Visitors no longer walk the paths. The museum is closed. But it only appears dormant: new buildings are being erected, paths mended, busy craftsmen remove traces left by streams of visitors, maintain buildings, carry out repairs, care for implements, wash bed linen and curtains and prepare everything so that the museum can open its doors again the following spring.

236–247

Die vier Jahreszeiten

Les quatre saisons

The four seasons

238

239

240

241

242

243

244

245

246

247